生如夏花之絢爛，死如秋葉之靜美。

——泰戈爾《漂鳥集·生如夏花》

JAPAN

目錄

8 前言 造物的情懷

上部 燃燒的日本

16 第一章 擁抱戰敗
16 摔倒的怪獸
23 獨裁者的民主化改革
26 解散財閥

38 第二章 商人豐田，匠人本田
38 無處不生根
48 本田曲線救國路
53 革新才能救贖

59 第三章 新財閥時代

59 道奇到來，財團復燃

65 自我救贖之路

72 第四章 電子在燃燒

72 技術革命引領財富之路

80 一出生就國際化的Sony

85 啃老創業路

93 死活也要賣出去

98 兩棲動物席捲世界

108 第五章 藏富於民

108 小公司的能量

117 汽車家電救日本

126 與壟斷對抗

132 第六章 小器物締造大財富

132 創新時代

136 Sharp的誕生與革命

142 隨身計算器

145 我們不是模仿者

146 讓手錶變得路人皆戴

153 第七章 用產品征服世界

153 新困境

160 緩慢的調整

164 再造日本

170 國際化的陣痛

J A P A N

下部 對抗泡沫

180 **第一章 危機重重的日本**
180 美國人的小弟弟
185 利益還是自由

195 **第二章 貨運大王浴火重生**
195 一道魔咒
198 王者還是魔鬼

208 **第三章 大時代，大泡沫**
208 向銀行開槍
213 絕望的十年
218 一切都變了

225 **第四章 雲中之巔的森大樓**
225 世界第一高樓
228 絕對不買土地

234 **第五章 良品的虛無主義**
234 簡單的就是美好的
239 叩問商品的實質
242 禪意

249 第六章 老少皆宜的服裝
249 四處遊蕩的買手
255 上市的陣痛
260 三年一百家店

266 第七章 東方哲學救經濟
266 老子、孟子和孔子
270 人人都會有一部自己的電話
277 阿米巴是小蟲子

284 第八章 那些用戶體驗之神
284 樂天是一種基因
288 樂天怎麼玩互聯網金融
293 7-Eleven 的用戶體驗

305 第九章 讓日本人變宅神
305 從骨牌屋開始
310 陌生的繼任者
316 遊戲帝國大亂戰

323 第十章 日產征戰海外
323 神奇的卡洛斯．戈恩
328 再造日產
334 在荒涼的北美開天闢地

342 尾聲 在盛開時凋落的櫻花

前言

造物的情懷

大概兩年前的夏天，我去廈門採訪一家知名衛浴製造企業的老闆，他的辦公室龐大、空曠、華麗，牆上掛滿了各種獎狀，大都是當地政府對公司在技術層面不懈追求的鼓勵。這位老闆身材矮小，語速驚人，說起話來散落在額頭上的碩果僅存的幾根頭髮總是隨著語速而顫動飄揚。他也熱愛喝茶、抽菸，自豪於茶菸高昂的價格。

這大抵是福建商人共同的特質，他們還有其他的相同之處：比如，大都是白手起家，學歷不高，經過貧寒的少年時代，走街串巷販賣產品，不到中年就能賺取可觀的財富……

如今他們銷售的產品，也有類似之處——價格便宜，便宜，還是便宜。

這位老闆向我介紹說公司申請了諸多專利，具體數字已經記不清楚了，唯一還留存在記憶中的是，他說自己一直在申請智慧馬桶方面的專利，但由於考慮市場需求不大，所以沒有商業化。他以為，馬桶智慧化是早晚的事，手中握有專利，就會有新的機會。

機會總是擦肩而過，就在中國人熱衷於購買日本馬桶蓋，並且想盡辦法從日本買馬桶蓋回來之後，機會還是留給了別人。不知道當年我拜會的那位老闆如今心情如何？

他為什麼會錯失機會？是因為他的思維形成了定式，要想賺錢，就要便宜。

在中國南方坐落著無數這樣的工廠，打火機、眼鏡、指甲剪、皮鞋、服裝……便宜的產品源源不斷地流出，同時，這些工廠也源源不斷地倒閉。

即使在國內，日本TOTO的馬桶銷量也一直居高不下。它的生產基地也坐落在中國南方的城市邊緣。自從TOTO進入中國市場以來，山寨者就前仆後繼，但至今都沒有超越者。不久前，TOTO全球總裁這樣解讀為何他們的產品難以山寨：「雖然中國也有智慧馬桶，它們也似乎想模仿我們的產品，但TOTO有一項獨特的陶瓷製造技術，讓我們的產品看起來更加潔白、華麗，這些技術中國公司還沒有人能掌握。」他還耐人尋味地補充說，其實這項陶瓷技術的根源可以追溯到中國的宋朝。

而TOTO另一個制勝的「葵花寶典」是不斷改進自己的技藝，不斷完善用戶的體驗。在某種維度下，這種不斷改進與技術無關。比如，TOTO每次推出一款新的馬桶，都會讓全體員工（一萬多人）測試水溫，以此尋找最佳的溫度。為此每年都有很多員工被水燙傷，菊花殘，滿地傷。

這種看起來簡單基本的改進方式可能就是日本企業家的精神，也或許就是我們所說的「工匠之心」。

日本恐怕是這個世界上最具備工匠之心的國度。德國也講匠心，但只有日本人把匠心上升為一種信仰。

古代鑄劍師在工作之前，會進行一套複雜的儀式，他們相信利劍之中應該注入武士的精神。

松下幸之助在一個又一個幽深的黑夜裡叩問產品中為何缺乏人性。稻盛和夫也說，他在深夜能聽見產品自己在哭泣。

電影《拉麵女孩》中那位拉麵店老闆面對技藝已經成熟的學徒說，你的湯裡沒有靈魂。

這種根植於日本民族性中的造物精神源遠流長，並且成功地嫁接進了日本近代化的新歷程中。近代之後，日本企業家與歐美西方企業家最大的區別在於，在尊重管理技巧和組織架構西方化的前提下，依然堅持東方哲學中宣導的精神的力量，人與自然和諧共生，人類不該征服自然，而是融合於自然；產品或者是物，也應該是自然的衍生品，人與物交相輝映，不存在誰是誰的主宰。

所以，無印良品追尋產品、材質本身的力量，設計掩藏在材質的背後，悄然無聲。在日本，評價一個設計師的地位，不在於他的作品多麼花哨，而在於他能否把自然之偉力完美地呈現出來。所以，簡潔的設計只是一種表相，精神與自然和諧共生，靈魂與世界同步前行，才是日本產品的內核。

難怪原研哉感慨，無印良品暢銷世界，但鮮有人知道其內在的價值。而這種造物精神隱藏在日本產品之中，你只是覺得它們美好，卻難以洞悉其根源。

而這基本上就是日本企業家精神最為重要的支撐。日本媒體在評價 Sony 公司連續下滑的業績時，異常痛惜地說：「這家公司背離了工程師的精神，滑向了深淵。」

而那些依然成功的企業家無不是貫徹了造物的情懷。柳井正締造的 UNIQLO 自稱是一家技術公司，他通過不斷改進服裝的材質而成為日本首富；豐田汽車也和 TOTO 一樣，他們即使是推出一款新的座椅，都要經過幾千人測試，尋找到最舒適的款式；而任天堂的前身是一家骨牌公司，他們認為骨牌應該是美好的，所以他們製造了當時日本最為精緻的撲克牌……

日本企業家戀物，於是才創造了無數讓人驚歎的產品。日本企業家戀物，於是他們才會不斷改進自己的產品，直到能讓產品包含淚水和靈魂。

也是因為日本企業家戀物，7-Eleven 的創始人才會要求每一個店員都要熟知每一個產品的特質，然後介紹給消費者。

正因為對造物的無比尊重，才讓日本企業家熱衷於持續改善技藝。他們甚至可以一生只做一件事，並把這件事做到極致。有一個廣為人知的日本理論叫「斷捨離」，其實，「斷捨離」並非日本人的習慣，恐怕只是媒體的炒作。日本企業家相信「守破離」——守技術，不斷精進，然後打破它，離開它，完成創新。

這個過程如此漫長，以至於讓日本企業被詬病為缺乏創新，這恐怕也是事實。我一直反對日本企業完美的論調，但我堅信，中國的企業家目前最缺乏的不是技術、資金和人才，缺乏的是對於匠心的推崇。他們的腳步太快了，所以他們的產品沒有靈魂，只有軀殼。

中國的馬桶與TOTO的最大區別，可能就在於那個萬人測試的過程，但中國大部分企業家不願意花費時間去做這件事，因為他們缺乏工匠之心，缺乏對產品的尊重。

最後說說這本書，它描述了日本第二次世界大戰之後商業崛起的歷程，也記錄了泡沫經濟崩塌之後，日本企業家的自我救贖。這是日本近代化之後最為悲壯的兩次變革。豐田、本田、日產、三菱、三井、住友、富士、精工、Sony、Sharp、來島、森、京瓷、良品、Uniqlo、任天堂、樂天、7-Eleven，十八個櫻花企業在荒蕪中紮根，在寒冬中茁壯，然後選擇在春光嫵媚時燦爛綻放。他們對於造物的堅守，使得他們具備了對於極致的追求，他們當然也有缺憾，但值得記憶。

為了寫就此書，我深入日本很多企業的內部，觀察他們對於持續改進的偏執，觀察他們對產品的細心打磨，觀察他們對商業模式的不斷洗禮。這是一個奇妙的過程，我深刻地感受到，日本企業與中國公司似乎只差一點點，似乎只有一線之隔，但這一線之隔依然需要中國公司多年努力才能造就。

陳偉 謹識

上部

燃燒的日本

第一章　擁抱戰敗

摔倒的怪獸

一九四五年九月二日，天晴氣爽。的道格拉斯・麥克阿瑟將軍戴著墨鏡，以一副征服者的姿態，端坐在停靠在東京灣的「密蘇里」號軍艦上，氣定神閒地吸著自己的大煙斗。面前是一群身材矮小、面帶愧色的日本人，他們背後的帝國彌漫著某種灰暗的情緒，那是遭遇失敗後的歎息與絕望。

半個月之前的八月十五日，裕仁天皇在廣播中發佈了投降詔書。日本媒體和史學者將這段講話描述為「玉音放送」，其實，當時天皇的聲音毫無金玉之音，反而乾澀、滄桑，說話時磕磕絆絆。

在詔書發佈之後，日本人的心情無比複雜，有人想到戰爭結束了內心竊喜；有人想到死去的親人淚如泉湧；也有人因為戰敗蒙羞而剖腹自殺……總之，在這個小小的國度裡，不同的人面對同一個宣言，卻選擇了不同的方式來面對失敗帶來的影響。

那麼，作為一個歷史研究者和觀察者，站在日本重大歷史節點上，我必須努力洞悉的問題是，戰敗對日本人來說意味著什麼？一向被人們視為神的天皇居然通過廣播宣佈日本所謂的「聖戰」徹底的失敗了，這會不會讓大部分日本人精神崩潰、信仰流離失所呢？從八月十五日到九月二日的這段時間，一方面，日本人經歷了過去千年來都不曾經歷過的痛苦與失落；但另一方面，他們內心深處仍對未來充滿希望，畢竟戰爭結束了，滿目瘡痍的廢墟要持續多久？恢復昔日的生活與榮光要花費幾代人的精力？這些未知的命題讓日本人對以後的生活懷疑又期待。

三天前，麥克阿瑟帶著自己四十六萬人的大軍進駐了日本。海、陸軍分別從橫濱和橫須賀港登陸，然後像蜘蛛的觸角一樣分散到日本各地，開始了他們的統治年代。當時的麥克阿瑟並非一個民主制度的締造者，也不是日本的拯救者，而是道道地地的殖民者。美國聯合參謀部是這樣指示他的：「天皇和日本政府是在你和盟國的領導下，被授予治理國家權力的，由於閣下的權力至高無上，無須接受日方的任何質疑。」

換句話說，麥克阿瑟將軍就是日本的太上皇，是獨一無二的統治者。甚至，有作家直接稱麥克阿瑟為「獨裁者」。

九月二日那天，和麥克阿瑟同行的是其他盟國的九位代表，在「密蘇里」號軍艦上，與日本正式簽署了投降協定。

很少有人會注意到，「密蘇里」號上的美國國旗充滿著象徵意義和美國復仇後的快感。密蘇里是當時美國總統杜魯門的故鄉，而向廣島和長崎投下原子彈的決定，正是這位總統的傑作。

在「密蘇里」號上飄揚著的美國國旗中，有一面是一九四一年十二月七日日本「偷襲珍珠港」當天飄揚在白宮上空的；而另一面是一八五三年馬休・佩里的黑船上曾經使用過的。

這充滿著某種隱喻。對日本人來說，他們經歷了一個複雜而神秘的輪迴。在不到一百年之前，是美國的黑船讓日本打開國門，感悟新世界，從而完成了近代化，成為亞洲最優秀的國家；而這場聲勢浩大的革命的結局卻是日本慘敗，日本又因為美國的佔據而再次走向封閉。日本，是盤踞在浩瀚海洋上的一隻怪獸，不夠龐大，但足夠兇猛，不夠坦蕩，但足夠堅韌。它能以最快的速度、最強悍的手段傷人傷己，又被更強大的敵人瞬間馴服。

這個國家有意思，也讓人唏噓。

當天，代表日本軍部的梅津美治郎將軍和日本外相重光葵，在「投降協議」上簽下了自己的大名。讓外界疑惑的是，天皇和皇室成員並沒有出現在「密蘇里」號上，直到今天，都沒有官方檔來解釋，為什麼美國人會放棄對天皇的質問。但這件事至少給日本民眾透露了一個資訊，那就是，戰爭的勝利者不會把戰爭的罪行與天皇聯繫在一起，天皇，還會以自己的形式存在下去。絕望如影隨形，籠罩在島國上空。天皇的存在也無法拯救他們內心的恐懼和對黑暗未來的迷失。而美國人氣勢洶洶的到來，更是讓日本人憂心忡忡。在他們的記憶中，無論是明治維新、甲午戰爭、日俄戰爭，還是二戰之前的歲月裡，日本攪動了世界的神經，它是一連串崛起和勝利的代名詞，直到今天，一切戛然而止。

因為美國人，日本帝國已經幾乎被付之一炬，他們的海軍已經全軍覆沒，無數艘商船安靜地沉沒在海底；訓練有素、曾經光彩照人的空軍戰士們也已經魂歸天空、死傷殆盡了；日本人目力所及的，只是忍受著饑餓、傷痛、灰心喪氣的敗軍們。

在這片本就不夠浩大的國土上，大部分城市都曾經成為美軍空襲的目標，現在，它們依然冒著濃煙，用滿目瘡痍來迎接戰敗的陰影。原本是日本最大的政治、商業城市的東京，曾經容納了七百萬人，而在戰敗之後，有五十萬人的靈魂飄蕩在城市上空，俯瞰他們曾經肉身棲息，而如今脆弱無比的帝國。

麥克阿瑟曾經回憶當時日本人的心態：「他們被徹底打敗和威懾住了，在投降加於他們國家的嚴重懲罰面前瑟瑟發抖，這是對他們國家深重的戰爭罪孽的報應。」

那麼，日本的戰爭損失到底有多大呢？這幾乎是一個難以用資料來解答的問題。據說，到日本投降時，共有一百七十萬多萬名軍人死亡，而被炮火和轟炸機炸死的平民則難以計數，但這個數字絕對不會低於一百萬人。

另外，還有幾百萬日本人流離失所，在中國東北、東南亞過著地位低下的生活。比如在南洋，美國人動用了大批殘餘的日軍幫助他們修建自己的軍事基地，同時拆除日本人原來的設施。這批真正的「浪人」在海外艱難地生活，他們日思夜想希望回到自己的祖國，但很多人沒能活著回去，很多人期盼多年，在雙眼乾涸、鬢角如雪之後才踏上了國土。

而在日本本土的難民們，生活更是一望無際的孤苦。他們常常聚集在港口碼頭，熱烈地期盼著親人的歸來，但等來的不是燒成灰燼的骸骨，就是親人們死無葬身之地的噩耗。但他們仍像幽靈一樣不肯離開碼頭，等待著哪怕是陰陽兩隔的消息。

越來越多的孩子成為孤兒，他們的父母不是因空襲而死，就是慘死在遙遠的海外。據厚生省的統計，到一九四八年，日本全國共有流浪兒12萬多人，他們散佈在鐵路邊、火車站、飯館門口，以盜竊、乞討、拎包、擦皮鞋為生。

從經濟層面來審視，日本這個國家瀕於破產，通貨膨脹如刀如雷，轟然而至。這很好理解，因為日本戰時的統制經濟造成經濟發展極度不平衡，生活用品越來越短缺，軍用物資越來越多。再加上日本為了籌措資金，狂發債券，雖然打仗的時候，通貨膨脹在政府的竭力壓制下被控制得並無大礙，但等戰爭一結束，政府形同虛設，民用物資短缺更加嚴重，經濟情況急轉直下。

這是一個很難擺脫的惡性循環，為了刺激戰後經濟，日本政府只能再次擴大銀行券的發行量。

在日本宣佈投降的當天，日本銀行券的發行額是三百億日元左右，可是到了月底，這個數字飆升到四百三十五億日元。半年後，這個數字是六百億日元。

另外，日本投降之後，政府需要給軍需工廠和復員軍人發放大筆戰爭補償金和生活費，這就造成了讓人驚愕的財政赤字的出現。在戰後的三個月裡，日本共發放戰爭補償金和生活費用金額兩百多億日元。

為了支付這筆巨額開支，日本政府只能大量印刷債券，讓央行來購入。央行還肩負著為各大商業銀行提供、調配資金的重要使命，為了彌補各大銀行資金短缺的厄運，央行只能開足馬力大量印製鈔票，這進一步推動了通脹的惡化。這真是一個山窮水盡的年頭。一九四五年，在日本不廣袤的土地上，風災、水災、火災又接踵而至，這讓日本人的生活更加困苦。大藏省[1]預計，要想讓老百姓吃飽飯，至少還需要一百萬噸糧食。日本媒體則計算出這一百萬噸糧食夠一千萬人吃，換句話說，日本在一九四五年會有一千萬人被活活餓死。

這一論斷造成了社會的極度恐慌。很多人以為已經有一千萬人被餓死了，紛紛寫遺書準備後事。還有一些激進分子帶著大家遊行示威，高舉大牌：「拿大米來！還我生命！」

當然，事實上沒有那麼多人被餓死，但因為糧食短缺饑餓而死的事件每天都在上演。最有名的是一位法官，東京裁判所的審判員山口。他因為拒絕去黑市上買大米，被活活餓死。臨死前，他寫道：「因為大米短缺，糧食統制法已經頒佈。這是一條惡法，讓黑市大米橫行。但作為法官，我只能服從法律，雖死無憾。我作為堅守法律的法官而死，能充分說明日本人生活的艱辛困苦。」

為了讓老百姓吃上飯，為了讓混亂平息，日本政府請求駐日盟軍總司令部給予糧食援助，這才讓食品危機在一九四六年趨於平靜。

獨裁者的民主化改革

當時的日本人的確生活在一個千瘡百孔、支離破碎的世界當中，他們只能度過一天算一天，沒有人會思考自己和祖國的未來在哪裡。

但是美國佔領者卻在深思，對日本的改造，究竟應該如何進行？他們面對的是

1 大藏省，日本明治維新後直到二〇〇〇年期間存在的中央政府財政機關，主管日本財政、金融、稅收。

一個破敗的國家，而這個國家的國民曾經被種族優越感、暴虐的理想和征服世界的野心所掌控，他們的良知可能陷入極端的矛盾當中，特別是戰敗之後，他們自己也不知道自己該信奉什麼，該摒棄什麼。

而現實情況比這些還要複雜，美國人要做的事情是，在軍事獨裁統治的框架下，對日本進行民主化改造，這本身就是一個矛盾重重的、史無前例的行為。而當時的國際形勢也非常複雜，「冷戰」的鐵幕已經慢慢下沉，日本應當成為美國抵禦東方共產主義勢力的屏障，而日本內部的社會主義傾向也悄然抬頭，如何平衡這一切呢？

實際上，美國人已經在獨裁統治下，盡自己最大的能力來改造日本了。

一九四五年十月，就在日本簽署「投降協議」的短短一個月之後，美國宣佈廢除日本對言論自由的限制，很多左派人士被釋放出來，他們又開始活躍在全國各地，舉行會議、演講，歌頌社會主義的明天。

這件事情給當時的以東久邇宮為首相的內閣帶來巨大的衝擊，他們堅決反對美國人對異己分子的寬容大度，最終，全體內閣辭職離去。

而新上任的首相幣原喜重郎屁股還沒坐熱，就接到了美國統治者的新要求：讓婦女擁有選舉權。

於是，在那個黑暗的時代，你能看到穿著和服的女子們興致勃勃地為自己的政治偶像投票，但她們幾乎忘記了投票的動作。

對我們這本書來說，美國對日本經濟和商業模式的改造是重點。關於這個論題，有兩點是值得我們記憶的：一個是美國對日本農村的改革，一個是消滅壟斷財閥。

日本在明治維新之後，廣泛存在著大地主掌控土地、農民貧困不堪的情況。貧富分化越來越嚴重，許多農民流離失所、生不如死。還有一部分農民懷著對社會充滿報復的心態參軍，最後成為軍部的籌碼，參與戰爭。

戰後，美國人為了徹底消除戰爭的根源，開始消滅大地主，進行「土地改革」。這次「土改」分為兩個階段。第一階段是在一九四五年十一月，內閣通過了《土地調整法修改法案》（下稱《法案》），開始了大張旗鼓的「土地改革」。

這一階段的「土改」相對來說比較溫和，《法案》要求日本農村的地主們保留五公頃土地，其餘部分統統在五年內強制開放交給農民租種。同時，地租改為現金形式，而且租金非常低。這個措施其實是要求地主交出土地，同時兼顧了他們的情緒：土地歸你，農民租地給錢，皆大歡喜，只不過租金便宜了點而已。

但即使如此，盟軍還是認為日本的「土地改革」過於溫和，沒有達到民主化的效果。於是，在一九四六年十月，更猛烈的「土改」終於來臨了。

這次的改革措施是這樣的：由政府出錢，收購地主的土地；而地主原則上只能保留一公頃的私有土地。政府把土地買來之後，再以很低的價格賣給農民耕種。這個很低的價格是多少呢？只相當於日本農民一年的土地租金而已。這項改革雖然也遭遇了挫折，比如有些地主虛報土地，再在黑市上把土地出售賺取暴利，等等。但總的來說，改革還算順利。到了一九四九年，全國80%的耕地完成了「土地改革」，分給了農民耕種，日本的佃戶也完成了向自耕農的身份轉換。

如果我們總結一下日本「土地改革」的意義，那麼你就會發現，這些措施的確緩解了農村的社會矛盾，消除了農民暴亂的根源；讓耕者有其田是日本邁向民主化的堅實一步。

解散財閥

在「土地改革」大張旗鼓進行的同時，對日本商業影響更大的另一項舉措也在積極展開。這就是消滅壟斷財閥，打破一家公司對一個行業的控制。當時，美國助理國務卿迪安·艾奇遜為美國的救世主們提出了要求：「改變使日本產生戰爭意願的現存經濟和社會體系，以使戰爭意願不再繼續。」

一九四五年十一月，駐日盟軍總司令部開始實施這項策略，向大財閥們開炮，強烈要求他們在最短的時間內解散、放棄他們已有的商業帝國。當時日本有幾個龐大無比的財閥：住友、三井、安田和三菱，它們命運的走向決定著日本經濟的未來。

當時駐紮日本的盟軍司令部認為，強制要求日本解散財閥有悖於民主觀念，所以，麥克阿瑟將軍向大藏省表示，要求財閥們自行解散，各自分崩離析。

於是，剛剛從戰爭的洗禮中挺過來的財閥們又面臨著新的危機。針對駐日盟軍總司令部提出的解散財閥策略，不同的家族領導人表現出了不同的態度。

最先表示同意自行解散的是安田財閥。當時，安田財閥的總掌門是安田一，他是創始人安田善次郎的親孫子。在短暫的調整之後，安田家族的人全部退出公司管理層，同時，安田直接控股的公司也宣佈脫離安田的管理。十月，安田保善社正式宣佈，安田財閥解散。

安田一在《解散宣言》上說：「戰敗後的日本，應當摒棄一切的私情，大家應當以一致的步調，向創造新生日本而邁進。」

從安田善次郎創業到安田財閥的解散，整整經歷了六十年。

安田一雖然解散了財閥，但他的行動依然受到美國的控制，每隔個把月，他都要向駐日盟軍總司令部彙報自己的生活支出。美國人對財務核算得很精細，總是能挑出他的毛病來，比如電話打太多了，浪費嚴重。

安田一非常無奈，他告訴美國人，自己的岳父岳母都住在外地，電話費自然會很高了。但抑鬱難當的安田一內心深處並非死灰一片，他期待著這個曾經不可一世的財閥還能閃耀新的光輝。

三菱財閥從一開始就蔑視美國佔領軍的政策，他的掌門人岩崎小彌太決定跟美國死磕到底，絕不解散三菱財閥。

岩崎小彌太的理由也很充分，因為他作為一個企業家，一直反對戰爭。當日本

「偷襲珍珠港」取得勝利的時候，當全體國民沉浸在野心膨脹的巨大喜悅中的時候，岩崎小彌太在日記中寫道：「真是做了一件非常愚蠢的事情。」當年的耶誕節，他指著桌子上的火雞說：「以後，這些火雞都會成為美國人的食品。」

在戰爭過程中，軍部一直強迫三菱財團提供木材物資，岩崎小彌太告訴自己的下屬：「他們要就給他們，我們現在不砍樹，以後也會被美國的飛機轟炸得精光。」

換句話說，雖然三菱財團也介入了戰爭，可是在那樣的時代，作為一個商人，為了保全企業，別無他法。

後來，戰爭結束了；再後來，駐日盟軍總司令部來了。岩崎小彌太的痛苦也在日益加深，因為他知道，自己的企業可能將遭遇創立以來最慘烈的命運。那場百分之百可以稱之為浩劫的戰爭，到底誰是真正的罪人？是被愚弄的民眾嗎？是苟且偷生的企業嗎？是下層的農民、軍人和工人嗎？當然不是，真正的罪犯是貴族、軍部和日本龐大政治體系中的政治家們。

所以，當美國人要求三菱解散的時候，岩崎小彌太回應說：「三菱從來沒有做過背叛國家的事情，也從來沒有跟軍部有過勾結，我們做的就是全力改善國民的生活，所以我們從來沒有感覺自己可恥。三菱的股票面向社會募集，很多國民都是我們的股東。所以，我代表的是全體股東的利益，不能背棄股東對我們的信任，所以，我不能解散三菱。」

應該說，岩崎小彌太在四大財閥裡是態度最強硬，也是唯一一個敢公開跟盟軍叫板的人。

駐日盟軍總司令部非常憤怒，他們公開發表文章，督促三菱儘快解散，但都被岩崎小彌太拒絕了。最後，大藏省大臣澀澤敬三親自做說客，希望三菱能自行解散。岩崎小彌太當時身體不太好，他躺在病榻上說：「自行解散是不行的，除非是駐日盟軍總司令部強令我們解散。如果是強令的話，也希望能讓一般股東再分一次紅利。」

澀澤敬三答應他們努力試試。其實，澀澤敬三及當時的日本首相幣原喜重郎都跟岩崎小彌太有親戚關係，血濃於水。他們也是發自內心地希望三菱能有個美好的未來，才希望三菱財團能審時度勢，能屈能伸。

但岩崎小彌太還是不為所動，堅持認為，只有給所有股東都發了紅利，他才考慮是否解散公司。

美國人的耐心消耗殆盡，他們立刻成立了一個叫控股公司整理委員會的組織，專門負責解散四大財閥。很快，這個機構發佈了解散財閥的命令：四大財閥停止對控股公司的一切所有權；家族人員必須退離自己的職位；控股公司的董事立即下課；各個財閥都不能再對下屬行業行使控制權。

這項嚴厲的措施再也不是停留在自行解散的邏輯之內了，深受打擊的岩崎小彌太住進了醫院。而三菱公司召開了最後一次董事會，宣佈了駐日盟軍總司令部的命令。

一九四五年十二月二日深夜，岩崎小彌太因為大動脈出血身亡，享年六十七歲。他死前內心一定很痛苦，因為他看到的是日本戰敗後的滿目瘡痍，當然更重要的是，自己的家族企業走到了盡頭。

在岩崎小彌太去世的半年後，三菱把旗下所有的事業都移交給了控股公司整理委員會，這個不可一世的大財閥暫時停止了呼吸。不過，它沒有就此消亡，而是等待著復興的那一天。

日本有句古話我深以為然：「寒門出孝子，國破見忠臣。」很多人以為，在日本明治維新的上升過程中湧現出來的企業家才是商界奇才、真英雄，但我縱觀日本四百年商業脈絡之後，得出的結論是，那些在歷史轉捩點上，披荊斬棘，以豪邁的雄心、不屈的動力和果敢的力量繼續前進的企業家，才是值得我們佩服的人。

因為，在大形勢順風順水的時候，我們看不到一個企業最優質的特點，就好比患難見真情一樣，企業只有在生死存亡之際，才會表現出自己真正的特質。

從商業層面來看，美國佔領者對它的最大的衝擊，無疑是解散了掌控日本四百年商業版圖的財閥體制。

四大財閥的表現各異，也充分體現了大時代背景下不同的企業生態。

三井家族認為，駐日盟軍總司令部的解體政策不過是雷聲大雨點小，時過境遷後，自然能重整江山待後生。於是三井派出三井本社的首席常務理事住井辰男與美國人斡旋，並告訴美國人，在戰爭過程中，三井沒提供多少軍用物資，一直以良民企業而自我要求，而且，三井現在願意交出家族掌控的股份，向社會公開，變成一家社會型企業。

但駐日盟軍總司令部根本不聽他們的提議，而是粗暴地回復說：「解散財閥是唯一的途徑，趕緊解散才是正確的選擇。」還威脅說，「現在日本有好幾百萬人吃不上飯，如果你們不解散財閥，我們就拒絕提供援助。」

最後，他們還充滿諷刺地說：「我們不允許三井家族過著比難民更好的生活！」

有著四百多年悠久歷史、經歷過無數次大風浪的住友家族，也難逃厄運。古田俊之助是住友的總理事，早年在住友家族做技術工作，因為是個徹頭徹尾的工作狂，所以被員工起外號叫做「坦克」。

「坦克」的職業生涯一路順遂，很快成為住友家族的大當家。

當天皇宣佈投降的時候，古田俊之助依然保持了冷靜的內心，他明白，自己必須要保住住友家族一貫的形象和生意。

當時，社會的傳聞是，像住友這樣的大財閥很有可能被美國人宣佈為戰犯，連古田俊之助也難逃戰犯的惡名。

古田俊之助沒有被傳聞嚇倒，他告誡自己的屬下，「如何以不讓後世恥笑的方式，維持住友家的安泰」是目前所有員工的第一要務。

古田俊之助之所以如此鎮靜，是因為在那個混亂而黑暗的時代，企業如何保住命脈的關鍵，在於它們和美國佔領者之間的關係。三井一直蔑視駐日盟軍總司令部，並且極端自信地以為美國人不會解散財閥。而住友卻知道，美國人才是日本的實際統治者。所以，當駐日盟軍總司令部一成立，住友家族的很多骨幹就自告奮勇，成為駐日盟軍總司令部在經濟方面的專家顧問。

這些專家回饋給古田俊之助的資訊是，美國人要解散財閥是沒商量的，千萬別像三井那樣一廂情願地以為這件事情還能緩和，一定要做好各種準備，完成解散。

這裡需要提到一個細節，駐日盟軍總司令部當時的想法還是比較簡單，他們觀察到，三井、住友這些大財閥的下屬企業都以三井、住友命名；於是，他們認為，解散財閥就是讓這些企業改名更姓，斬斷它們和企業家之間的股份關係。

於是，古田俊之助打算打個擦邊球。

他以最快的速度讓住友旗下所有的公司改名稱，同時，古田俊之助讓所有主要領導人全部離職，不留任何餘地。

而古田俊之助自己也在料理完這些公司的後事之後，選擇了辭職。在辭職演說中，他為住友財團規劃了新的發展方向：「今後住友旗下的所有公司應朝著企業集團化的方向發展，因為這與住友的未來有著密切的關係。」

但美國人不知道的是，古田俊之助還是讓住友旗下的公司保持了無法割裂的關係，將它們永遠捆綁在一起。保持這種關係的利器叫「社長會」，後來改名為「白水會」。

這是一個定期舉辦的會議，由住友本社的社長主持，參加會議的人都是各個事業、企業的社長，他們聚集在一起，商議下一步集團整體的戰略方向，研究經營重點，彼此協調經營範圍，等等。

古田俊之助在第一次社長會上慷慨激昂地說：「各事業的經營者應當聚集在一起、團結在一起，以防止組織的老化，使得現在的住友擁有強大的組織能力。」

在那之後，住友財閥的確憑藉著這種獨特的例會，讓自己的組織具有強大的凝聚力。而這種例會又是美國人所不瞭解的，他們以為，當一家公司與另一家公司沒有股權關係之後，它們之間就不再有任何牽連了，而實際上絕對不是這樣的。在以後的日子裡，住友財閥憑藉著血緣、姻親關係，依然聚合在一起，並且不斷擴大自己的事業範圍。至今，他們旗下的公司早就遍佈世界，生生不息。

伴隨著財閥解散的消亡，新的革新力量也在慢慢崛起。當時世界格局錯綜複雜，東西對立，戰爭依然一觸即發。美國人要做的是扼殺戰爭的經濟根源，但絕不是讓日本的經濟陷入死亡迴圈。

在四大財閥接連被解散之後，日本產業界的各大企業家也深感岌岌可危，他們同樣看不到明天和未來。但企業家應該做的是什麼呢？至少在危機的時刻，他們應該站出來，告訴自己的員工，要相信未來。

在事情發生了又六十多年之後，我們重新回望歷史會發現，在那個異常艱苦的年代裡，依然有很多人超越了戰敗的陰霾和絕望的壓迫，剝離掉籠罩在視窗的陰雲，讓陽光照射進自己的心靈，他們聆聽著天皇沙啞的聲音，開始思考，該如何更好地生活下去。

人類總是如此，被大災難擊倒，再從廢墟中艱難地爬起來。不是因為他們多麼堅韌不拔、心如磐石，而是因為他們別無選擇。

對於日本人特別是對於日本商人來說，美國式的自上而下的改革他們並不陌生。當年那場震驚世界的「明治維新」運動也是在精英階層的推進之下有序進行的，工業化、民主化、富國強兵、消滅割據和武士，這些過往的思想衝擊在那個年代雖然也遭遇了抵抗，但最終都堅決地貫徹了下來。日本和德國的民族性有許多雷同，比如，他們都不太篤信民主，認為民主是效率低下的惡草，他們迷戀專制、集權、高效率。而對於二戰後失敗的日本人來說，他們在美國獨裁統治下，接受新鮮事物的意識更強烈，也更順暢。

所以，當美國人通過獨裁的方式來實現民主化、經濟改革的時候，日本人並沒有感到陌生和無所適從，他們甚至張開臂膀，擁抱戰敗和新生。

比如，美軍在日本的駐紮並沒有引起社會的恐慌，反而刺激了日本經濟的發展。很多中小企業做起了滿足美國軍人欲望的生意。比如有家小公司，之前一直為日軍生產軍用的鏡頭，等美國人來了之後，這家公司立刻開始轉而銷售迷你照相機，並大獲好評。另一家公司一直給日本空軍提供飛機設計圖紙，現在，他們開始給美國人設計摩托車。在日本戰敗的一年後，國內誕生了四百多家專門生產口香糖的公司，因為那是美國人的最愛。

這種軍用企業向民用公司的轉變完全是企業的自發行為，它們在面臨戰敗的時候，迅速轉型，忘記了建立大東亞共榮圈的偉大使命，開始喜悅萬分地從過去走向未來。

客觀地說，小公司的轉型還比較容易；可是大財閥和大企業就要面臨更多的挑戰和艱難，它們必須迅速解散，但還要保持家族企業的延續；它們必須聽命於美國的經濟政策，還要實現盈利。

第二章　商人豐田，匠人本田

無處不生根

很多日本的企業在經歷了國土分裂、資本化改革、戰爭統制和戰敗衝擊這些致命的傷害之後，依舊存活了下來。當天皇宣佈投降之後，豐田汽車的副社長赤井久義舉行了員工大會，他面對一張張沉默、疲憊、驚恐的臉，高聲說：「日本雖然戰敗，但是，五年、十年之內一定會完全恢復。豐田製造的卡車在戰時是必要的，在戰後復興期更是重要的重建工具。所以製造卡車是豐田今後的責任。銘記這一點，我們從今天起，再向未來出發吧！」

員工們的熱情被他點燃了，第二天，豐田汽車工廠開始恢復了生產。但戰爭後遺症和現實困境嚴重挫傷著員工們本就脆弱的內心。

開工之後，許多工人要求返鄉，因為他們的故鄉要麼被盟軍炸成了焦土，要麼遭受了巨大的自然災害，親人們食不果腹，饑寒交迫。豐田家族知道在這個危急時刻，民心最重要。他們給工人們發放了一筆資助，然後遣散他們回家探親。

這樣一來，豐田的工廠變得異常荒涼。機器安靜而無奈地放置在廠房的角落裡，許多製造了一半的軍用卡車被無情地廢棄在院子裡，僅剩的幾個工人坐在陰霾的天空下一口口地抽煙。所有豐田人都在想，未來究竟在何方呢？

就在整個公司陷入死寂的時候，豐田汽車的創始人喜一郎出現了。自從戰爭爆發之後，這位日系汽車的締造者就深居簡出，他很少面對媒體和員工，甚至很多傳言說，他已經被炮火湮滅。

豐田喜一郎把工人們叫到面前，告訴他們，豐田不會消亡，未來一定會光彩重生。他說完這些話凝視著大家，所有人都默默無語，顯然，他們不相信豐田喜一郎的話。

豐田喜一郎冷靜地說：「人類生活最基本的便是衣、食、住三項，不論佔領軍態度如何，總不至於不讓我們從事這三類生產。衣方面，豐田以紡織業起家，一旦決定生產，隨時可以動手進行。食方面，日本四周都是海洋，水生物豐富，我考慮辦個加工廠大批量生產魚餅，這是人們喜歡的食物。另外，可以同時從事陶瓷食器生產，日常生活中缺不了器皿。至於住方面，我想就生產水泥吧，技術要求不複雜，馬上可以幹起來。」

豐田喜一郎的計畫其實早在戰爭期間就開始了，他早早就預料到，日本必敗，歐美必勝。於是他雖然也總是被絕望所脅迫，總是掙扎在戰時統治的困局裡，但他依然花費時間尋找戰敗後的出路。為了獲得重生，豐田喜一郎可以放棄理想，暫時委曲求全，不造汽車，去賣魚餅。

眾人明白，這也許是公司唯一的出路：汽車夢可能就此作罷，做海鮮是新的出路。之後，豐田喜一郎開始著手自己的計畫，他讓長子豐田章一郎去北海道開辦魚餅加工廠；讓自己的堂弟，也是豐田汽車創辦者之一的豐田英二去做瓷器；自己和副社長赤井久義創立水泥廠。

讓人深思的是，這些企業現在依然根植在豐田財團內部。比如豐田喜一郎自己創辦的水泥廠現在叫豐田總建公司，這家企業從事工程項目，利潤頗豐。

當然，汽車是豐田喜一郎永遠的夢想，他不會放棄，對他來說放棄汽車就等於放棄了生命。為了讓汽車產業迅速啟動，豐田喜一郎派赤井久義和豐田自動織布機制作所副社長石田退三去跟盟軍談判。

這兩人立刻開始了行動，他們帶著簡單的行囊直奔東京。那時候，首都已經成為一片廢墟，兩位高管隨便找了個小旅館住下，自己燒飯燒水，謀劃談判方案。

第三天，他們見到了盟軍的領導人，雙方進行了親切友好的會談。最後，對方告訴他們，小汽車現在還用不上，就別忙著造了，不如發展一下公共交通，造點公共汽車和大卡車吧。

赤井久義想，這還不是最壞的結果，他起身感謝之後，就準備離開。就在這時，石田退三忽然一把抓住盟軍領導，開始流淚。

盟軍領導很驚訝，忙問他怎麼了。石田退三說：「我是豐田自動織布機制作所的副社長，我們的五千名員工已經快吃不上飯了，能不能讓我們生產的織布機賣到美國去？」

盟軍領導堅決拒絕了他：「不行！」

赤井久義和石田退三只能悻悻而去。但石田退三沒有放棄，在之後的幾天裡，他每天都去「騷擾」盟軍司令部，大談豐田織布機如何先進，對美國經濟有如何大的推動作用。

但盟軍領導一直很冷淡。這樣死磕了一個月之後，盟軍領導仍然不鬆口。最後，石田退三決定耍賴了。他告訴盟軍領導說：「戰爭又不是豐田集團引起的，相反，日本軍部逼迫我們生產軍用物資，工資到現在還沒著落，他們拉走產品也不付錢，我們還不知道向誰去討要呢！為了讓員工和他們的家人填飽肚子，我們除了把織布機賣到國外，沒有其他可行的辦法了。如果你們怎麼都不肯開出口許可證，就請你們給我五千人吃的白米，假如沒有白米，麵粉也行，都沒有的話，我們就天天在盟軍司令部門口挖野菜吃！」

盟軍領導想到堂堂的司令部門前，一群難民挖野菜、生火做飯，這幅景象讓以救世主自居的美國人情何以堪啊。

無奈之下，盟軍司令部同意豐田向英國出口一百台織布機。一個月之後，英國的新訂單如雪片般飛來。

原因一方面是，當時英國也處於恢復期間，急需織布機；另一方面，豐田的織布機的確品質優異，價格公道，一經出口，立獲好評！

憑藉豐田織布機的優秀業績，豐田集團磕磕絆絆地走了下去，汽車生產也在逐漸恢復當中。

在獲得了駐日盟軍總司令部的允許之後，豐田開始生產卡車和公共汽車，隨著時間的推移，盟軍對日本的控制也在緩慢放鬆，小汽車製造又重新回到豐田生產的日程上。

一九四七年，豐田推出了「豐寶」汽車，這款小型車是專門為計程車而設計的。「豐寶」的風行讓豐田喜一郎看到了新的希望。但當時，公司的經濟情況依舊很緊張，生產成本居高不下。豐田英二建議裁員。但豐田喜一郎堅決反對，他認為，裁員不符合豐田家族一貫的行事風格，在困難時期應該全員努力，共渡難關。

拯救豐田的戰役

但是，一直到了一九四九年，豐田的難關依然沒有渡過。生產的汽車都賣出去了，但由於經濟形勢實在太差，大部分貨款都無法回收。豐田喜一郎幾乎絕望了，他只得向銀行懇求貸款，幫助豐田起死回生。

這個時候，三井銀行答應給豐田提供資助，但有三個條件：一是裁員，至少裁掉一半員工；二是汽車製造部門和販賣部門分離，也就是讓銷售部門獨立出去另組公司，不再因收不回賣車的貨款拖死整個企業；三是銀行方面要派一位專務到豐田集團，監督資金使用。

在這三個條件裡，對後世影響最大的是第三條。從那之後，豐田和三井就建立了血濃於水的關係，他們甚至通過聯姻來維護這種聯繫，讓豐田汽車進入一個永遠穩定、永遠有財力支援的商業模式中。

為了讓公司度過艱難時刻，豐田喜一郎只得答應三井銀行的所有要求。在裁員之前，豐田喜一郎舉辦了謝罪大會。他含著淚向工人宣佈：「這不是我的本意，本人相當反對裁員。但是，除非裁員，否則公司將無法繼續生存。由此，我將辭去社長職務，對這種局面負責。」

會後，一代汽車帝國的創造者豐田喜一郎宣佈辭職。而豐田喜一郎宣佈裁員時拍的巨幅照片至今還掛在豐田總部的辦公室裡，其含義是：不要忘記過去的苦難，不要再讓你的員工遭遇裁員的厄運。

豐田喜一郎引咎辭職之後，石田退三成為豐田新任社長。

石田退三不太像傳統的日本人，他為人謙和，頭腦極為靈活，有大抱負，但願意為了實現更遠的目標而委身於現實。他絲毫不懂織布機技術，但可以把豐田織布機經營得風生水起。最重要的是，石田退三出身於三井旗下的三井物產，和大財團三井的聯繫極其密切，這對他今後的事業有巨大的幫助。還有一點需要指出的是，石田退三的性格和豐田喜一郎大相徑庭。

豐田喜一郎深受日本傳統文化的薰染，追求仁義，缺乏決斷，心慈手軟；而石田退三是商人思維，他內心深處明白，經營企業不能僅靠一腔熱血，在關鍵時刻，還需要決斷力，甚至需要不擇手段。

很多年後，有人說，「銷售的豐田，技術的本田」。豐田和本田，一個依靠貿易席捲世界；一個憑藉技術問鼎天下。各自不同，各自精彩，而石田退三是實現這一命題的起點。

石田退三剛剛上任，朝鮮戰爭就爆發了，美國的汽車訂單紛至遝來，挽救豐田汽車於水火之中。那個時候，不管是卡車還是吉普車，只要豐田一生產出來，美國人立馬交錢提車。一九五一年，豐田汽車的利潤超過了3億日元，而之前的一年，其累計虧損是二十多億日元。

石田退三似乎要感謝命運的垂青，媒體也說他是一位福將。歷史不能假設，但如果我們嘗試一下假設，會發現耐人尋味之處。豐田喜一郎厭惡戰爭，在二戰爆發之後，他曾經因為軍部的統制政策，不能生產小汽車而想到過自殺。這樣一個理想主義者也許是一個偉大的工程師、發明家，但難以成為一個縱橫捭闔的偉大商業奇才。石田退三則相反，他始終認為企業的生存是第一要務，責任、使命、理想只有在生存的基礎之上才可存續。

德魯克對公司使命的闡釋正說明了石田退三當時的抉擇非常正確：公司應該是一個運行中的、發展中的人的組織，而不是靜態的規劃藍圖。因勢利導、規避風險、賺取利潤才是一家公司的使命。而這個過程本身也能為公司積累生產資料、思想和經驗。比如，通用汽車公司（GM）因為在二戰中承接了美國飛機製造的業務積累了大量新的技術，這才讓它在二戰之後迅速成長，成為世界規模最大的汽車製造商。

事到如今，豐田汽車都堅信，當時正是因為石田退三的決斷才讓豐田有了今天的地位。

在豐田汽車的業績逐漸轉好之後，石田退三多次邀請豐田喜一郎出山重新掌權，而豐田喜一郎蝸居在一個小小的實驗室裡堅持做汽車的研發，他告訴石田退三：「不做小汽車的汽車公司不是真正的汽車公司。」

就這樣，豐田喜一郎依然深居簡出，生活在自己的技術世界裡，直到一九五一年朝鮮戰爭趨於平靜之後，他才再次出山，實現自己的汽車之夢。當然，如果沒有石田退三的苦苦支撐，豐田也無法獲得重生。

本田曲線救國路

當豐田喜一郎在戰敗與復興的漩渦中痛苦抉擇的時候，有一個人決定不再消極等待了。他在戰後一年，成立了自己的公司。這家公司坐落在濱松市區，是他自己家的私有土地，有兩千平方米之大。這個人不在乎浮華的外表，他知道，創業就是要從最簡單的第一步邁出。於是，他在這片土地上搭建起簡易的廠房，把自己家能勞動的親戚統統招募過來，又在社會上招聘了十多位工人，就這樣開始了自己的事業。

他叫本田宗一郎。

本田宗一郎和豐田喜一郎的生活環境大相徑庭。本田宗一郎生於1906年，靜岡縣人，父親是鐵匠，母親跟本田宗一郎一樣，都沒受過什麼教育。本田宗一郎家境貧困，本來有八個兄弟姐妹，後來死了四個。

本田宗一郎少年輟學，在自行車店做了多年學徒，後來回到家鄉，開辦了修車廠。在他心底一直激蕩著造汽車的夢想。

本田宗一郎一邊經營修車廠，一邊廢寢忘食地研究汽車，他忘記了時間，忘記了家庭，甚至忘記了自己的修理廠。每天天不亮他就鑽進實驗室進行研究，一直到深夜他才睡眼朦朧地出來。

起初，本田宗一郎致力於改造汽車。他發現，當時的汽車採用木制車輪輻條，很容易折斷。於是，他開始嘗試著用鐵制輻條來代替。經過一個多月的研究，鐵制輻條終於誕生了。這種材質不僅僅耐磨、耐用，不易著火，還能增加汽車行駛的速度。

德魯克對創新有著精准的描述，他曾經說，人們一直低估日本的創新能力，「創新是一個經濟或社會術語，而非科技術語。創新就是改變資源的產出。或者，創新就是通過改變產品和服務，為客戶提供價值和滿意度」。

本田宗一郎就是這種創新的代表。他沒有發明汽車、火車、摩托車，但他能通過對技術的自我革新讓已有的產品更加完善。

本田宗一郎的發明獲得了專利，並且在汽車博覽會上廣受好評，訂單堆積如山。

他一下子變成了有錢人，據說，他的月收入達到了1000日元，這在當時可是一筆鉅款。

夢想實現之後，本田宗一郎有點飄飄然，他覺得自己該好好享受一下了。於是，幾乎每天晚上，本田宗一郎的身影都會出現在各種酒館和風月場所，成為當地妓院裡最熟悉的面孔。

如果你以為本田宗一郎從此熱衷於身體遊戲，不再奮發向上了，那你就錯了。他雖然放蕩不羈，但對工作和理想依舊一絲不苟。除了娛樂，他的所有時間都用來研究汽車，而且他開始研究賽車。後來，由本田一手打造的賽車還在大賽中獲得了大獎，享譽全國。

在二戰爆發之前，本田的摩托車、汽車已經被全國認可，還成為各大賽車手的指定用車。

但是到了二戰爆發之後，這家新興的公司也難逃戰時統制的厄運。一九三七年，本田宗一郎成立了東海精機重工業株式會社，從事汽車活塞環的製造。但他的產品還沒有問世，就接到了政府的通知，要求這家公司停止民用汽車零部件的生產，改為戰爭用卡車製造活塞環。

當時，日本軍隊最大的卡車提供商就是豐田汽車了，於是，豐田的石田退三和本田宗一郎成了商業夥伴。

石田退三在晚年曾經寫道：「我的一生認識兩個發明狂人，一個是豐田佐吉，一個就是本田宗一郎。」

本田宗一郎根本不管生產，所有的工廠運營都讓下屬去打理，而他自己則潛心研究各種奇怪的發明創造。當然，發明是需要花錢的，石田退三慷慨解囊，幫助這位偏執狂實現他可能毫無意義的發明創造。

在那個年代，豐田和本田不是競爭對手，而是關係密切的合作夥伴。一九四五年戰爭結束的時候，本田宗一郎和豐田喜一郎的心情一樣灰暗。為了改變境遇，拯救本田公司，他暫時放下造車夢。

本田宗一郎發現，當時日本最缺乏的東西是食鹽，而日本周圍都是海水，鹽取之不盡用之不竭，而缺的就是生產鹽的工具。於是，本田宗一郎發明了一種電器制鹽設備，通過這個設備，海水裡的鹽能變得又白又細，品味極佳。

憑藉這個偉大發明，本田宗一郎又賺了一筆。一九四六年，日本經濟復甦的苗頭已經顯露，他開辦了赫赫有名的本田技術研究所。為了生存，本田技研所當時還沒有立刻開始製造汽車，而是什麼賺錢就造什麼。比如發電機、織布機、冰棒製造機，等等。但本田宗一郎自己並沒有把心思放在這些事情上面，他還想著製造自己的汽車。

但對當時的日本來說，造汽車是一件無比奢侈的事情。第一，小汽車沒有銷量，因為沒人買得起；第二，本田自己沒錢，根本買不起設備。

本田宗一郎決定曲線救國[2]。他從破敗的軍工廠弄回了幾個引擎，然後裝在自行車上，他對妻子說：「汽車造不出來，我們就弄個沒有殼的汽車吧。」第二天，他妻子騎著帶引擎的自行車上路，鄰居們都很驚訝，這玩意兒既不像汽車，又不是摩托車，但跑起來還挺快。

本田夫人告訴鄰居們，這車不僅跑得快，而且價格公道，工薪階層都能消費得起。

幾天後，很多人登門要買這種奇怪的自行車。事實上，這種車在今日已經非常普遍，即是電動三輪車，人們還給他起了各種名字，比如狗騎兔子。當時，這款帶引擎的自行車的每月銷量突破一千台，獲利頗豐。

有錢之後，本田宗一郎開始擴大工廠規模，購進設備，除了組裝自行車之外，他也開始自主研究製造引擎。

革新才能救贖

但是很快，本田宗一郎的自行車又遇到了新的問題。當時，日本剛剛從戰爭中擺脫出來，百廢待興，物資極為匱乏，特別是石油，石油對他們來說是可望而不可即的珍貴產品。所以，本田的自行車很快就無人問津了，因為車買得起，油卻太貴了。

本田宗一郎決定解決這個問題，他想起在戰爭期間，軍隊因為缺少石油曾經用

2 曲線救國一詞產生於中國抗日戰爭期間，意即直接的手段不能夠解決，只好採取間接的，效果的、慢一些的，或者從側面迂迴牽制干擾的策略，但鬥爭的大方向不變。

松節油來代替，於是，他命令員工去山裡搞爆破，然後挖出松樹根，提煉松節油作為自行車的能源。

本田宗一郎是日本尋找替代能源的先驅，松節油的使用的確提高了消費者購買這款自行車的欲望。本田宗一郎驕傲地說，「這是一種創新，絕對是創新。」創新有時候並不是創造出一種新的產品或者商業模式，創新有時候是賦予資源某種能力。比如，在汽車誕生之前，石油就是無用之物，而人類對於出行方式的創造力讓石油具有了新的能力。青黴菌的發明也是如此。

創新有時候是被逼出來的，山窮水盡的時候，智者就開始尋找新的路徑。解決了能源問題，本田宗一郎又發現，隨著銷量的提升，發動機的供應商產能開始跟不上市場需求，為了解決這個問題，本田宗一郎決定自己造發動機。

本田宗一郎有著鐵一般的決斷力，在物資匱乏的時代，效率更為關鍵。他命令工人把舊設備重新修理了一下，生產就開始了。

經過艱苦卓絕的研究，本田宗一郎終於製造出了自主品牌的第一台發動機——A型發動機。他興沖沖地把這個東西安在了自行車上，自主研發的發動機價格低廉，使得自行車的價格也不斷降低，重新獲得了市場青睞。

接下來，他又不斷改進發動機，提升發動機的動力。但因為他對技術過分癡迷，甚至是滅絕人性的癡迷，也要求所有員工跟他一樣廢寢忘食地工作。有時候，年輕工人想休息一下，打打撲克，本田看見了一定會勃然大怒，拿起扳手就扔過去。後來，大家發現，最安全的地方就是工廠裡的廁所，於是，累了的工人常常偷偷躲在廁所裡抽煙、打牌，排遣勞累。

本田宗一郎知道緣由之後很內疚，他召開大會向所有員工道歉。讓他欣慰的是，大家並沒有過分憎惡自己的老闆，反而對他尊敬有加。

一九四九年，本田宗一郎研究出了D型發動機。它具有98 CC、2.3匹馬力的強大動力，比A型發動機整整提高了一倍。

本田宗一郎很高興，他把D型發動機裝到自己自行車上開始「狂奔」，結果發現，這東西放在自行車上實在是太浪費了，剛一啟動就到目的地了。

本田宗一郎經過思考認為，這個大馬力的發動機應該放到更適合它的地方，那就是比自行車更酷的代步工具——摩托車上。

這一年，本田宗一郎四十二歲，他一手製造的摩托車開始不斷在公路上湧現。為了紀念這個偉大的日子，本田宗一郎將之命名為「DREAM」。

一九五〇年，DREAM摩托車銷量非常好，本田宗一郎為了擴大生產和銷路，開始在東京開設經銷處。剛剛落戶的時候，本田宗一郎選擇的地點很簡陋，只有八十平方米左右，隔壁就是賣魚的，挑選摩托車的人常常聞著魚腥味暢想自己馳騁的英姿。

為了不斷擴大經營規模，讓自己的公司走向正規化，也為了讓自己能安心鑽研技術，從繁重的管理、銷售工作中擺脫出來，本田宗一郎聘請了一位管理達人藤澤武夫幫助他打理生意。

藤澤武夫跟本田宗一郎一樣，也是個實業家，早年經營修理廠，後來接受本田邀請，成為公司的骨幹。

本田公司的東京銷售所就是藤澤武夫一手創辦起來的。在公司運轉正常之後，本田宗一郎親自跑去視察，他驚愕地發現，公司二把手的住處簡陋得可憐：房間裡只有一張床，地上散落著衣服和泡麵。本田宗一郎滿含淚水：「兄弟，你也太苦了！」

藤澤武夫根本沒理會他的情緒，而是報告說：「目前我們本田的代理商只有兩百家，這些日子我一直在和其他代理談判，已經有五千家願意做我們的代理，簽合同的有了一千多家。」

本田宗一郎再次錯愕：「你是怎麼做到的？」

藤澤武夫輕鬆地說：「寫信介紹我們公司，然後一家家去拜訪，你看，簽合同的都是拜訪過的。」

本田宗一郎不說話了，他敬畏看著眼前這個人，他像一個苦行僧一樣開拓公司的銷售管道，過著簡樸的生活，卻取得了如此驚人的業績。

這一年九月，在藤澤武夫的努力下，本田在東京的工廠也正式開工，每月的產量都突破一千台。當然，業績的飆升跟當時的大經濟形勢也有千絲萬縷的關係。一九五〇年朝鮮戰爭爆發後，美軍急需大批軍用摩托車，而本田的產品物美價廉，正是美國軍隊所需要的。

豐田和本田的崛起路徑其實類似。它們的領導者都在一個困頓無奈的環境下力圖尋找新的生路；他們都不忘初心，寧可曲線救國；他們都在技術層面不斷自我革新。

日本人的創新根植於一種緩慢的、持續的改進。今天我們說，日本人具有工匠之心也是此意。他們就像鐵匠、木匠一樣揮舞著工具，隱藏在喧鬧浮華的世界中，把一個個產品推向世界，讓人驚歎。

從精神層面來說，此時日本最為卓越的企業家們也處於寒冷的冬夜，他們像荒原中的野草，肆意生長，尋找生存之道。一方面，他們要面對國破家亡的累累傷痕；另一方面，還肩負著振興日本經濟的神聖使命。他們能趨利避害，延續企業的生命，能以創業者的心態開闢自己的事業，他們篤信企業的使命是為民造福。

他們也曾經因為國家滿目的凋敝內心震顫，但幸運的是，他們在別無選擇的境遇下堅持初衷，一路創新，尋找生機。

還有，他們都堅信日本的經濟一定會重新振興，他們所創造的產品一定會在下一個盛世成為暢銷品。

第三章 新財閥時代

道奇到來，財團復燃

幾乎所有人都知道，日本經濟的騰飛和朝鮮戰爭有著密不可分的關聯。朝鮮戰爭刺激了日本的外需經濟，讓日本徹底擺脫了戰爭的陰霾，走向復興。還有一點必須指出的就是美國對日本的道奇政策，推動了日本經濟的飛速發展。道奇是何許人呢？是一個來自美國的企業家。

約瑟夫・道奇，是美國著名的實業家。二戰結束後，他擔任美國駐德國司令部經濟顧問，參與了德國的貨幣改革，一九五二年成為美國艾森豪總統的經濟顧問。

一九四九年二月，道奇來到日本，參與日本經濟復甦的工作。

道奇的來臨以及他推出的一系列改革計畫，暗示了美國對待日本態度的轉變。隨著美蘇「冷戰」的開始，美國人意識到，必須讓日本強大起來，以對抗蘇聯和中國。所以在一九四九年左右，美國國務院決定要振興日本經濟，使其成為美國在亞洲的新屏障。

在這之後，美國的經濟學者們紛紛來到日本，各自陳述他們重建日本的政策。很快，美國國家安全保障會議制定了「穩定經濟九原則」，力圖在美國結束對日本的佔領之後，讓日本經濟能夠自強自立。這九點原則幾乎涉及了日本經濟的各個層面，比如如何抑制通貨膨脹、如何提高日本工人工資、如何解決糧食短缺等等問題。

而道奇就參與了「九原則」的制定。一九四九年，在杜魯門總統的授意之下，道奇和他的團隊正式來到日本，他們期待日本也能像戰後的歐洲一樣，從戰爭的破敗中站起來。

道奇是典型的古典經濟學派的擁護者，他憎恨政府赤字，熱愛平衡，他堅持認為生產和生活消費相得益彰，哪個都不能超常發展；他對儲蓄充滿著熱愛，認為這是發展生產的必要條件。

來到日本的一個月之後，道奇發佈了自己的兩點經濟政策：日本必須從依靠美國的援助當中擺脫出來，成為一個獨立、強大的經濟體；日本必須自己造物，並且以低廉的價格和良好的品質進入世界市場。

道奇又針對日本的經濟狀況制定了具體的恢復措施，概括起來有三點：第一，政府的財政支出實現平衡，嚴格遵照預算來支出；第二，取消對某些行業的政府補貼，增加政府財政黑字；第三，停止一切新的支出，停止發行新的政府債券，抑制通脹。

在企業層面，道奇政策以及美國在二十世紀五〇年代開始的經濟政策讓日本的幾大財閥重新振作起來，它們由解散又走向了聚合。

道奇政策的核心是穩定財政，也就是依靠緊縮的措施來平衡政府的收支。為了增加政府收入，日本開始增加稅收，用稅收來為之前發行的債券埋單。換句話說，取之於民，用之於民，將政府欠人民的錢再用人民的稅款來償還。而從長期來看，這樣的政策必然會抑制老百姓的消費，從而影響日本產業界的發展。

事實上，到了二十世紀五〇年代初期，全國30％以上的中小企業均因為資金不足宣告停產或者倒閉。

與之形成鮮明對比的是日本的大企業，它們均獲得了良好的發展機遇。因為在緊縮的政策之下，大企業更容易從銀行獲得貸款，而且能通過削減工資、提高生產效率、降低產品成本等手段來應對緊縮政策。

這就成為日本財閥復燃的潛在原因。說是潛在原因，主要是因為朝鮮戰爭才是直接原因。毫無疑問，朝鮮戰爭為日本的經濟發展帶來了直接的利好消息。在三年的戰爭期間，美國從日本訂貨的金額將近十億美元。這筆鉅資除了刺激了日本產業的興旺，還給這個國家帶來了充足的美元儲備。

日本的紡織業、汽車製造業、礦業、鋼材等產業隨之獲得了巨大的商機，賺了個盆滿鉢滿。隨著日本經濟的勃興，美國人開始逐步放鬆了對日本的控制，他們把自己的大部分精力放在了朝鮮戰場。朝鮮戰爭結束後，美國停止對日本的佔領，讓這個東亞屏障走向了獨立。

獨立之後，日本的大財閥們就忘記了美國人的「教誨」，重新走到了一起。一九五三年，日本修改了《反壟斷法》，放寬對財閥持股的控制，這像是一個信號彈，讓財閥們迅速重新組合起來。

當然，財閥的聚合跟以前那種家長制度、家族管理相比還是有了巨大的不同，而且，除了美國人放鬆對日本的控制，日本金融業的變化也推動了財閥以新的形式整合到一起。

在道奇政策大行其道的時候，日本銀根緊縮，銀行成了老大，給誰貸款、不給誰貸款，由它們說了算，也成為日本各個產業界的財神爺，由此也奠定了銀行與企業的關係。在歐美國家，銀行和企業彼此獨立，銀行提供資金，企業負責還本息。但日本很獨特，銀行視貸款企業為自己的關聯公司，會參與指導企業的運營。

這種金融領域的變化讓財閥從家族管理轉變為以銀行為核心的新模式。以前，財閥的總公司是老大，他們說把錢給誰就給誰，但是現在，銀行成了財源，其地位已經超過總公司，決定著財閥的命運。當然，很多大的財團，比如三井也有自己的銀行，這就保證了一個財團內部的資金支持。

到了二十世紀五〇年代之後，日本幾大財閥所屬的銀行已經成為這個系統裡的資金支柱，換句話說，在一個財閥內部，貸款問題基本上都通過自己的銀行來完成了。

當然，這種體系並非完全封閉，也就是說，三井銀行不僅給三井下邊的公司提供資金貸款，同時也大公無私地幫助別的企業。這樣一來，日本財閥與財閥之間就結成了新的聯盟，它們通過商社公司與銀行結結實實地捆綁在了一起。

除了銀行貸款，財閥內部和財閥之間開始實行交叉持股的模式來重塑日本企業界之間的關係。一九五二年，一件轟動日本商界的大事件使得交叉持股成為一種新的模式。那一年，三菱財團旗下的陽和不動產的股票被一個日本投機商人大肆收購。三菱財團領導人大怒，他們召集了十一家下屬企業籌集資金，用高價把陽和不動產的股票都買了回來，讓這家公司重新回到三菱的懷抱。

這件事情之後，日本財團意識到，要想保證財團的最佳完整態勢，必須交叉持股，共存共榮。

很快，三井、三菱、住友這三家財閥的直屬公司開始了大張旗鼓的交叉持股運動，這種互相持股的比率在一九五二年是7.1%，到了一九五五年飆升到了11.5%。

在交叉持股基本上完成之後，日本財閥又開始沿用以前的名字，恢復了過去的商業經營模式。比如，中央生命保險公司又改回名字叫三井生命保險公司，千代田銀行恢復為三菱銀行，大阪銀行還叫住友銀行等等。

那麼，重新恢復身份的財團們又如何實現利益共贏、內部管理的呢？交叉持股是一種新的經營模式，是西方國家根本不瞭解的方式。為了增加一個財團內部的凝聚力，公司與公司之間開始定期或者不定期地舉辦會議，商談財團戰略。

比如，三菱財團有星期五會議；三井有星期一會議，後來改為二木會並一直沿用到今天；住友財團的經理會議叫白水會……總之，日本原本的四大財閥通過各種方式重新走到了一起，在此就不一一詳細敘述了。不過，發生大變化的是安田財閥，它的變革故事頗具傳奇性。讓我們慢慢回顧一下吧。

自我救贖之路

當日本軍隊在東南亞橫行無忌的時候，一個青年人敲響了坐落在靜岡縣一座寺院的大門。開門的是一個老和尚，他低聲問年輕人：「何事？」

那個年輕人表情痛苦：「大師如何看待日本在戰爭中的表現？」和尚微笑著說：「日本必敗。」

聽了老和尚的話，年輕人歎了口氣，默然離開了。

幾年之後，他站在東京肅殺的街頭，和無數人一起聆聽了天皇的投降宣言。他知道，老和尚的預言應驗了。這個人叫岩佐凱實，生於一九〇六年，當日本宣佈戰敗的時候，他是安田銀行的總裁。

天皇那沙啞的聲音鑽進岩佐凱實的耳朵，他看了一眼腳下，淚如泉湧。讓岩佐凱實傷心的並非日本敗北，而是因為，他執掌的安田銀行大樓已經被美國空軍炸成了一片廢墟。這對岩佐凱實和所有安田人來說，都是致命的打擊。安田財閥歷史悠久。在德川幕府末期，天下紛亂，安田善次郎冒著風雪從老家來到了這裡，他經歷了無數苦難、貧窮，遭遇了無數鄙視和冷漠之後，終於在這裡開設了自己的銀兩兌換店，並且取名為「安田屋」。

在之後的歲月裡，安田善次郎勵精圖治，把安田屋經營得風生水起，成為能和三井銀行、三菱銀行、住友銀行分庭抗禮的金融大鱷。

安田善次郎去世之後，安田銀行雖然也危機不斷，但還是堅定地前進，度過了人事鬥爭、金融恐慌、戰爭衝擊等一系列天災人禍，才有了今天的面貌。

可惜的是，美國的 B-29 轟炸機還是無情地摧毀了安田善次郎一手創辦的安田銀行。

站在廢墟中的岩佐凱實，剛剛39歲，身材矮小但體內熱血沸騰。他知道，掃開廢墟之後，就是平坦的大地，在這幅畫卷上，他還能譜寫新的歷史。第二天，岩佐凱實召集舊部，發表了安田銀行新的宣言：「日本的復興，不可能依賴軍國主義。產業的復興中，金融，一定能夠扮演重要的角色。」

接下來的幾天，岩佐凱實異常忙碌，但內心又非常空虛。他一方面召集員工重整事業新版圖；同時，他也在耐心等待著美國盟軍司令部的各種經濟政策。這個過程短暫而又漫長，心情則是急切而又充滿著焦慮。

終於，美國對日本財閥的政策塵埃落定，安田率先宣佈解散。

與此同時，安田家族的領袖們集體辭職，離開了自己負責多年的崗位，在這之後的兩年裡，美國佔領軍不斷督促安田進行改革，企圖渾水摸魚留在安田內部的家族成員也一一被清除。而那些與安田家族沒有血緣關係的年輕領袖們則趁此機會，脫穎而出。安田公司內部的資料用充滿激情的筆調寫道：美國對安田的改造就像當年的「明治維新」一樣，讓年輕人力挽狂瀾，拯救企業。經過與美國人的漫長博弈之後，安田銀行被改名為富士銀行，開啟了新的篇章。

在富士銀行走向正軌之後，岩佐凱實意識到，未來的日本必然將衝破封閉的樊籬，走向世界，於是，在他的力推之下，富田銀行成立了國際部。這個部門成立的初衷有兩點：一是為了邁向國際市場；二是為了和大企業建立合作關係。

關於第二點，岩佐凱實是這樣思考的：三井銀行、三菱銀行都是生存在大財閥的背景之下的，與它們合作的夥伴也都是這些財閥內部的工業企業，能給它們帶來足夠的利潤空間。而安田財閥一直是一個金融財團，缺乏製造業的支撐，這是它最為薄弱的環節。岩佐凱實希望改變這種狀況。

岩佐凱實認為，其他財團之所以能在二戰之後迅速擺脫戰爭的陰霾，走上復興之路，最關鍵的因素在於它們都有商社的支撐。於是，岩佐凱實決定也成立一家商社公司，並且憑藉這個公司構建起銀行和實業聯繫的紐帶。

這對安田來說是一個嶄新的開始，為什麼我們在這裡特意提出安田財閥的改革呢？就是因為安田經過戰敗、解散和恢復之後，完全體現出了一種不同於三井、住友和三菱財團的新模式。客觀地說，安田是在二戰之後才成為一家綜合財團的。而這個過程持續了十多年，一直到一九六六年左右，安田財團才正式建立起來。當然，那個時候，它已經不叫安田而改叫芙蓉財團了。再後來，芙蓉財團又一次改名，成為今天的富士財團。

安田邁出的第一步是合併了丸紅公司。丸紅原本是三井旗下的商社公司，在二戰之後脫離出去。安田看中了丸紅公司強大的行銷網路和資訊收集能力，便出鉅資將它收入囊中。

有了商社公司之後，安田開始向實業大踏步地進軍。

在安田，或者說在富士財團的旗下彙集了諸多優秀的企業和不可一世的企業家。鮎川義介就是其中之一。今天大家提起日產，第一時間就會想到日產汽車。但實際上，日產本身也是一個綜合財團，像日立公司、日本礦業、日本水產等公司都是日產財團旗下的企業，當然還包括支柱公司日產汽車。

在日產財團的參與下，在丸紅商社的運作之下，有十三家小財團紛紛加入到芙蓉財團。這樣，聚焦於汽車、電子產品和化工業、金融業的新式財團就成立了。跟老財團一樣，芙蓉財團也保持著定期召開經理會的慣例，以保證整個財團的步伐一致，經理會的名字叫芙蓉懇談會。

跟芙蓉財團類似的新財閥還有三和與第一勸業。這三個新財團的特點都是財團開設銀行，通過產業投資，滲透到各個行業，形成嶄新的割據之勢。而每一個財團，不管舊的還是新的，都有經理會作為紐帶讓整個財團聯繫在一起。

經理會並非一個鬆散的組織，實際上，在某些時候，他們對於旗下公司的人事任免有著生殺予奪大權。譬如，東芝公司的前任社長叫土光敏夫，在此之前，他是三井旗下石川島播磨重工公司的社長。在東芝出現經營危機的時候，三井財團通過經理會，直接委任土光敏夫為東芝社長，拯救公司於水火之中。

除了經理會以外，新財閥的另一個特徵就是加強了商社公司在整個財團中的核心地位，類似於三井物產、三菱商事以及丸紅這樣的公司在財團內部組織融資、資金調配；對外，它們協同財團內部企業共同投資海外，賺取利潤。這種模式非常強大，從二十世紀五〇年代開始，商社的勢力就不斷擴大，通過它們財團又不斷擴張自己的勢力，形成了強大的產業集群。這個怎麼理解？比如三菱財團，通過三菱商事的投資，在二十世紀六〇年代末期擁有了將近兩百家關係公司，這些公司要麼持有三菱商事的股份，要麼作為三菱財團的外包商獨立存在，其銷售額在一九六九年達到了三千億美元，不得不讓人讚歎。

在這裡，我得強調一下日本財團發展的偉大力量，這和中國的大企業路徑形成了鮮明的對比，當然跟美國也不一樣。日本財團對關係公司採取的措施是扶植、培養。它們入股一家企業之後會為這家公司提供充足的發展養料，為它們帶來滾滾利潤；而中國或者說美國企業的模式是，通過資本運作，收購一家公司，等著公司賺錢之後，再賣出去，賺取差價。

這兩種方式沒有好壞之分，但從一個行業的發展來看，日本模式無疑更有利於增強產業的領導力。

到了一九五五年，三菱商事、三井物產的名字都出現在財富五百強的名單上。而耐人尋味的是，三井物產的社長曾經說：「這個世界上，從雞蛋到核彈，我們都參與。」

第四章　電子在燃燒

技術革命引領財富之路

今天回顧日本經濟史的時候，還有很多人羨慕嫉妒地說，日本的崛起有它必然的、不可複製的原因，那就是美國人的幫助。

這句話說對了一半，日本的崛起的確有它不可複製的孤本意義：風生水起的近代化歷程、席捲所有國民的戰時統制、絕無僅有的美國式民主化改革……而這些歷史交織在一起之後，才構成了獨特的日本。

但總有某種精神能讓我們動容。拋開特定的歷史條件、國家命運和地域特徵，拋開國際紛繁複雜的外部變局和詭異難測的未來流向不談，尋找這個國家商業精英的內在精神可能更加可貴和有趣。

至少從二十世紀五〇年代開始，或者從更早之前，日本人就有一種造物的欲望，在他們眼中，偉岸的經濟體不應該建立在虛無的數字之上，而應當屹立於實打實的產品、工業和機械之上。於是，當復甦的曙光緩慢閃亮，當外界的牽制逐漸放鬆之後，這個國家開始走向自強自立，開始探尋屬於自己的發展路徑。

縱觀二十世紀五〇年代，日本經濟最大的特色是電子產品的不斷豐富和崛起，而在六十年的世界經濟大潮中，日本電子產業也經歷了諸多波折和苦難，但依然在全世界保持了絕對的領先地位。另一方面，幾乎被人們忽略的是，幾大財閥在被美國解散之後，卻又以新的形式存活了下來，它們和代表那個年代新經濟增長產業的電子行業結合在一起，互助互利，分割世界商業版圖。

與此同時，美國開始把注意力從日本轉向西方，漸漸放棄了對日本嚴酷的統治，把這個島國當做一個基地或者跳板來抑制社會主義陣營對世界的衝擊。這無疑給日本商業帶來了好消息，為朝鮮戰場提供物資刺激了大部分日本產業的飛速發展，為六〇年代日本的真正崛起提供了一次絕佳的機遇。

今天，很多人都會拿當下的中國與彼時的日本進行比較：同樣是飛速發展，同樣誕生了無數剽悍的企業家，同樣依靠製造業打入國際競爭的大市場。但不同的是，日本的商界雖然搭上了朝鮮戰爭的順風車，但其商業精神的底蘊已經延續了數百年，無論是災害還是戰爭，都沒有讓它中斷。即使有些時候，這種精神躲在時代的夾縫裡痛苦地呻吟，但畢竟還是傳承了下來。所以，今天我們崇敬的經營四聖（松下幸之助、本田宗一郎、盛田昭夫、稻盛和夫）、經營之神、經營之聖都沒有經歷過類似於中國第一代企業家那樣的原始考驗，因為，對日本來說，那個時代已經過去，埋進了塵埃之中。

雖然電子產業在當時是一個新興行業，但毫無疑問，松下電器應該算是老牌領袖了。在二戰結束之後，松下電器在松下幸之助的率領下度過了將近三十年波瀾壯闊的歷史。

日本投降之後，財閥被解散，松下公司也很危險。因為公司在戰爭期間給軍方提供了很多軍用物資，所以招來了美國人的反感。他們要求松下幸之助離開公司，回家務農。

這個消息一傳到公司裡，群情激憤。一萬五千名員工集體罷工，他們寫了份血書，每個人都簽字畫押，然後送到美軍司令部，要求留下松下幸之助，延續松下的命脈。

員工認為：第一，為軍方提供物資並不是松下幸之助的本意；第二，在公司最困難的時候，他堅持不裁員的方針，贏得了所有人的尊敬。

美軍司令部和日本政府迫於壓力，最後同意留下松下幸之助。後來的事實證明，當時美國人和日本政府做出的決定是萬分英明的，因為，如果他們堅持滅了松下，那就不會有這家百年老店了。

到了一九五〇年，松下公司的資產達到了二十七億日元，是日本名副其實的大公司。當然，松下幸之助並不滿足於此，他決定去趟美國，瞭解最先進的技術革命。

在美國，松下幸之助最大的發現是收音機。這玩意兒在美國賣得很好，主要是價格便宜，僅二十四美元一個。而當時美國一個工人的日均工資是十二美元，也就是說，幹兩天活就能買一個收音機。

松下幸之助算了筆賬：在日本，一台收音機價格是九千日元，而一個工人一個月的工資是六千日元。也就是說，一個工人不吃不喝苦幹一個月，還買不了一台收音機。

為什麼會造成這樣的差距呢？松下幸之助認為，美國的收音機體積小、攜帶輕便，製造成本自然很低。而日本的收音機體形龐大、工藝粗糙，產量很低，所以價格就高。

松下幸之助決定優化收音機，讓它走進尋常百姓家。

經過市場調查和不懈的努力，松下幸之助終於開發出品質更優、體積更小的收音機。但起初，這種產品並沒有獲得認可，松下的代理商們反而遭遇了無數次的退貨。

松下幸之助買回了幾台收音機，潛心檢查。經過幾天幾夜的研究，松下幸之助發現，這種改良的收音機其實沒有大家想的那麼差，也沒有什麼大毛病，主要就是類似螺絲沒擰緊這樣的小細節影響了產品品質。

松下幸之助找到製造商，告訴他們在工藝上應該再嚴謹些。可是得到的答案是：「我們只能造成這樣，不滿意自己弄去啊。」

松下幸之助一點都不沮喪，自己弄就自己弄！他立刻調集幾個人組成了專門小組，用來開發最完美的收音機。

經過幾個月的努力，松下電器終於研製出了自己獨立研發的收音機，之後不久，他們又把真空管引進收音機，產品立刻在全國受到熱烈歡迎，松下也成為當時收音機銷量冠軍企業。

業績的飛快提升，讓松下幸之助決定走出日本，邁向全世界。

松下幸之助第一個重要的海外合作夥伴是荷蘭品牌飛利浦。這家公司是世界上首屈一指的電子業巨擘，對於成長中的松下來說，如果能和它合作，絕對能獲得巨大的提升。

但是，松下幸之助拿到合作合同的時候，驚呆了。合同裡說，雙方可以合作開廠，但是，松下要出大部分投資額，還要給飛利浦7％的技術指導費，提前支付五十萬美元。這可是一個非常苛刻的條約了，美國人的技術指導費不過才3％，何況還要提前支付飛利浦一大筆錢，這筆賬到底划算不划算？

松下幸之助決定先跟飛利浦討價還價一番。沒想到飛利浦堅決不同意降低價格，反而勸松下幸之助說，我們的合作夥伴都具有良好的信譽，我們也是看中了松下三十多年發展的歷史和成績才跟你們合作的。

松下幸之助仔細想想，還真是如此，那時候，飛利浦在海外的合作夥伴非常之少，一般在一個國家只有一個合資工廠，這說明飛利浦對挑選夥伴的確有嚴格的要求，既然挑選如此謹慎，那麼，這樣的合作對於提升松下的產品品質意義深遠。

一九五二年，松下幸之助和飛利浦合資開辦了松下電子工業股份有限公司，總部設立在大阪（一直到現在），主要生產電燈泡、螢光燈和真空管等電子產品。這家工廠應該是日本企業與外資合作的典範，它大量引入了歐洲的設備，提升了效率，產品品質也贏得了消費者的認可。

最重要的是，憑藉著和飛利浦的合作，松下的產品也進入了歐洲市場，成為西方人熱愛的產品。

一九五九年，松下美國公司成立，正式開始了它征戰海外的旅程。

也幾乎是在同一時期，松下幸之助作為日本最知名的企業家開始不斷豐富自己的管理理念，他開始把目光從產品轉移開去，讓自己陷入哲學層面的深思。

他常常一個人坐在黑暗中冥想，他在接受採訪的時候總是說，「我現在關心的是人性」。

關心人性的松下幸之助善於把經營理念和哲學用最粗淺的話表述出來，跟後來的經營大師稻盛和夫比起來，松下幸之助的哲學更加世俗，比如下雨打傘[3]、水庫理論[4]，等等。這可能和松下幸之助的出身有關，他沒受過什麼教育，沒有盛田昭夫那種國際化視野，也不像稻盛和夫那樣趕上了互聯網的浪潮。從本質上來說，他是典型的舊日本式的商人，保持著傳統的習俗。他的語言樸實無華，雖缺乏華麗的辭藻，但極為實用，能在最短的時間內打動員工。比如，他告訴員工，創造出好的產品需要必死的決心，用生命來做賭注就有勇氣去應付一切困難。

那麼，什麼是必死的決心呢？松下幸之助解釋說，人活著其實都在死的懸崖，比如交通事故、地震、火災，等等。既然活著都可能隨時死去，那就得把造物當做最後一件事業來做，這就是必死的決心。

很多人都渴望從松下幸之助的言論中能獲取一些經營的真諦，可是，如果真的縱覽他的一生會發現，那些道理都極為粗淺，比如要誠信、要進取。但畢竟松下幸

3 下雨打傘：企業及企業家要時時刻刻關注內外部環境的變化，未雨綢繆，居安思危，關注變化，關注大勢，關注顧客及市場。也就是說，不能光低頭賺錢，還要抬頭看天。

4 水庫理論：企業要聚集能量，像水庫蓄水一樣，這樣遇到外部惡劣環境的時候，才能渡過難關。

之助開創了一種總裁哲學。比起他的前輩，松下幸之助更樂於將自己的管理經驗概括成某種朗朗上口的口號，擅於用最簡單的詞句讓員工迅速領會他的經營理念。

後來，他的經營理念就開始被四處傳播，後晉的企業家們熱愛引用他的隻字片語，早期的張瑞敏（海爾集團總裁）更是把他的思想貼在海爾工廠斑駁的牆上鼓勵員工。幾年前我曾經參與《松下幸之助管理日誌》的編纂，我深深嘆服他能用粗淺語言闡述深刻道理的能力。從某個維度來看，松下幸之助恐怕是世界企業歷史上第一個將管理學上升為哲學的大師。在他之前，或者說，與他同時代的人中，唯有德魯克能與之媲美，但德魯克只是學者，松下不但是學者，更是一位實踐者。

一出生就國際化的Sony

毫無疑問，松下最大的對手就是Sony。在松下員工的視野裡，絕對不能出現Sony的產品；而對於Sony來說，對於松下也要絕口不提。另一方面，雖然這兩家公司在產品領域有很多交集，但又風格迥異，甚至看起來毫不相關。

比如松下電器一直很傳統，在一般人眼中看似陳舊、保守，墨守成規。領導人也極端低調，雖然松下幸之助以大師、哲學家的身份出現在公眾視野，但在他之後，很少有一位公司領導人能具有如此強大的知名度，他們大都一絲不苟地堅守在自己的崗位上，帶領松下電器這座巨型航母平穩前進。

Sony從一開始就不一樣，它的創始人盛田昭夫接受的是西方的教育，熱衷於古典音樂，而在他之後的領袖們也都具有類似的氣質。他們喜歡開派對以求擴大自己的交際圈，他們熱衷於在媒體面前表現自己的人格魅力而不單單是只談產品和設計，他們從一開始就渴望融入西方世界去而拒絕承認自己是一家日本本土公司。很多年後，他們甚至聘請了一位西方人擔任公司的首席執行官。

這就是Sony與松下的區別。

我非常喜歡盛田昭夫的老家，這個坐落在名古屋以南的叫做常滑市的小鎮。這裡樹木蒼翠，不高的山丘上面就是湛藍的天空。深吸一口氣，就能愛上這個鎮日寂靜的小鎮。

而讓人想像不到的是，這個小鎮的人大部分靠手工求生存，他們製造的陶器享譽整個日本，甚至遠銷海外。

Sony的創始人盛田昭夫於一九二一年出生在這個充滿魅力的小城。他的祖上都是深諳經營之道的商人，依靠經營酒業讓家族生意傳承了上百年。

一九三八年，盛田昭夫進入大阪帝國大學專修物理學。在這段日子裡，盛田昭夫幾乎天天待在實驗室裡研究各種機械，而強大的大阪帝國大學也為他提供了取之不盡的各種素材和知識。後來盛田昭夫回憶說，「那段時間是我創業的開始。」

除了刻苦做研究和實驗，盛田昭夫也堅持給雜誌、報紙寫稿，宣傳自己的科學主張。一九三九年，他曾經在一份報紙上寫下了這樣的文字：「如果能把原子能利用起來，可以造出強大的武器。」當然，日本軍方沒有注意到這篇文章，如果看到了，也許，歷史會更加黑暗。

那時候，軍方熱衷於收編知識份子，使他們都成為日本軍部的棋子，幫助這些侵略者完成霸佔地球的夢想。

盛田昭夫也未能倖免，作為一個物理學者，他被強行安排進一家研究所做光學研究，成果作為軍部侵略的武器使用在廣袤的亞洲戰場。

這對盛田昭夫來說，其實是個好機會。因為研究所裡彙集了當時日本頂尖級的物理學家，從他們那裡，盛田昭夫看到了這個學科最新的研究成果。更重要的是，在那個地方，他結識了自己一生的朋友、戰友和創業同盟——井深大。

當時，井深大在經營一家探測設備公司，也被軍部拉來進行光學研究。井深大比盛田昭夫大了十三歲，父親是基督徒，經營一家鋼鐵冶煉廠。而井深大的祖上也出身武士階層，門第顯赫。

在這個並不大的研究所裡，盛田昭夫和井深大相識了，之後，他們共同執掌Sony公司長達四十年之久。在四十年的漫長歲月裡，這兩個人建立了一種奇特的關係。井深大是公司的總工程師，他每次研究出什麼新東西總是興沖沖地第一個告訴盛田昭夫；而盛田昭夫每次從美國給兒子帶回來的機械玩具都會先被井深大肢解研究一番。

他們幾乎每天都在一起吃飯，一起喝酒，一起討論工作。井深大熱愛各種修理工作，他會對著秘書高喊：「幫我找個螺絲刀！」而秘書一籌莫展地看著他。井深大會繼續高喊：「盛田昭夫的第三個抽屜裡有，你去拿吧，要快！」

當然，他們也有不同的地方，比如，井深大容易衝動，性格中有童真的部分；

而盛田昭夫則相信實用主義，沉穩老練。這對理智與情感的原型人物也曾經因為性格衝突發生過強烈的爭執，但他們的分歧不會超過一個小時，很快，這對最佳搭檔又會和好如初，繼續並肩作戰。

和盛田昭夫一樣，井深大從小就喜歡造物，熱衷於把所有玩具都拆了，然後再一塊塊地組裝起來。進入早稻田大學之後，井深大依然沉迷於造物，他自己組裝的擴音器廣受好評，還被東京一個運動場所採納。

一九三〇年，這個聰明的年輕人又發明了動態霓虹燈，可以利用聲波來控制光的強度。這個奇特的發明讓井深大聲名鵲起，作品獲得了一九三三年巴黎萬國博覽會發明大獎。

大學畢業之後，井深大先去東芝公司的前身——岐番花電子公司面試。當時，會議室的桌子上有一個被拆開的收音機。井深大立刻被吸引了。面試官正襟危坐，有條不紊地向他提問。而這位發明家全然聽不進去，一直在注視著收音機。

結果很顯然，他被拒絕了。

在之後的幾年裡，井深大換了很多次工作，他一直在尋找一種獨特的環境：既給他發工資，又能讓他自由地進行科學研究。幸運的是，這樣的公司還真有，有幾位老闆看中了他的才華，不在乎這個年輕人能給公司帶來多大的收益，而是全力支援他做自己喜歡的研究。

但問題是，這樣的機構本來就不多，等到二戰爆發之後，它們無一例外淪為了軍部的附庸，再也沒有多餘的資源讓井深大自由展示才華了。

就這樣，井深大挨過了戰爭的洗禮，當天皇宣佈日本投降的聲音從收音機傳來的時候，他又一次露出了微笑：「我們的時代來臨了。」

井深大決定東山再起，他來到廢墟一片的東京，開始了自己的新事業。

啃老創業路

這時候，盛田昭夫也決定加盟，和井深大一起開始創業之旅。起初，盛田昭夫的父親不同意兒子創業，在日本，即使家族在經營一個瀕臨倒閉的小賣部，長子也必須繼承家業，忘記理想。

可是他最終還是被盛田昭夫和井深大說動了，不僅同意兩個年輕人自立門戶，還給他們提供了十九萬日元的投資。這筆錢按現在的價值換算應該是六、七萬美元。而在日本那個困難時期更是一筆天文數字的鉅款。

不過，這的確是一筆偉大的投資，直到今天，憑藉著這筆投資，盛田家族還掌控著Sony公司10%左右的股份，如果換成現金，絕不會低於五十億美元。

當然，那個時候，盛田昭夫的老爹還沒看得那麼長遠，他只是把自己所有積蓄都拿出來，支持兒子創業而已，雖然他可能模糊地意識到自己的後人會造就一個偉大的公司，但絕想像不到他能走那麼遠。

事實上，偉大的企業家和會賺錢的企業家最大的區別就在於，前者有著極強的敏銳的洞察力，當他還一無所有、一文不名的時候，他就知道自己今後會構建一個什麼樣的公司。

井深大和盛田昭夫就是如此。一九四六年五月七日，Sony公司的前身東京通訊工程公司正式成立，井深大任董事，盛田昭夫任總經理。在成立儀式上，井深大宣讀了一份長達兩萬多字的「創業計畫書」，從中能窺視到這個工程師出身的創業者的理想工作：組建公司的目的是為了創造理想的工作場所——自由、充滿活力和快樂。

這是一份獨特的「企業計畫書」，如果放在今天，可能得不到任何投資人的青睞。因為看不見盈利模式，看不到財務分析，看不到公司未來的規模。唯一能看見的就是這家公司企圖塑造的氛圍和有點天真的理想主義情懷。

但是井深大執著地實踐著自己的理想，他明白，快樂的工作氛圍是為了塑造偉大的產品。在這家公司成立的前五年裡，他們不斷進行艱苦的鑽研，同時敏銳地觀察自己的國度，尋找民眾真正需要的產品。

一九四六年，Sony 歷史上第一個具有劃時代意義的產品誕生了，那就是——電鍋。電鍋的靈感來自於烤麵包機。井深大一直覺得，麵包機是西方人喜歡的東西，日本人最喜歡吃的還是大白米飯，如果把麵包機改良一下，是否能讓米飯迅速蒸熟呢？再加上戰後日本資源匱乏，而電力是非常容易獲得的，於是，井深大決定製作出一種電器能讓米飯快速變熟。

他在一個木桶下邊裝上一根鋁絲，通上電，電鍋就誕生了。井深大又把這個東西進行了改良：當桶裡面的水全部蒸發之後，電鍋就會自動斷電。這基本上也是今天電鍋的原理。可是，這裡面有個問題，就是對米的品質要求比較高。如果用火來煮飯的話，水的多少比較容易控制，但電鍋很難控制。所以，如果米的品質不好的話，做出來的大米飯會非常難吃。而當時日本的大米緊缺，品質就可想而知了。

當時井深大沒有看清這一點，他一下子收購了一百多個木桶製作電鍋，但銷量不佳。井深大只好自己坐在辦公室裡，吃著難以下嚥的米飯思考人生了。

不過，電鍋還只是個概念產品，並沒有影響到公司業績。這家小公司憑藉著給老百姓修收音機，依然能勉強度日。

後來，井深大又對收音機進行了改進，讓日本人不僅僅能聽到國內的節目，還能收到國際台，這又讓公司獲得了一筆不小的收入。

我們知道，Sony的前身東京通訊株式會社成立的那一年，日本已經逐漸從陰霾中走出來，雖然他們依然面臨著美國集權式的民主改革，面臨著食物緊缺、通貨膨脹的壓力，但人們似乎已經看到了新的希望在冉冉升起，人們不再覺得自己生活在無依無靠的孤島上，更願意憑藉著自己的雙手走向未來。

對於創業者來說，他們不在乎蝸居在狹窄的辦公室，用簡陋的工具一次次地試驗偉大的產品；他們也不在乎從最底層的修理工作幹起，只要能賺錢讓公司運轉，只要能從遮蔽滿天的樹葉中看到一縷陽光，他們就願意堅持走下去。

不過，可以想到，在那個所有東西都匱乏的年代，創業要比今天艱難得多，銀行貸款被政府牢牢控制，所有的公司運營資金基本上都要靠私人投資來獲得。

東京通訊就在這樣一個孕育著希望又籠罩著烏雲的環境裡誕生了。但讓盛田昭夫和井深大感到幸運的是，自己的公司並沒有因為資金短缺而陷入困境，反而，他們有足夠的錢來支撐自己的研究工作。這筆不小的資金一部分來自於盛田昭夫那個偉大的爹，還有一部分來自於一位聲名顯赫的人物。這個人物和他背後的公司一直默默支持著盛田昭夫，直到二〇一一年三月，當日本發生罕見的大地震的時候，這家公司依然憑藉著強大的實力，幫助 Sony 渡過難關，轉危為安。

主管這家公司的人叫多島通陽，他和井深大的老丈人關係極為密切。而多島通陽本人是一個名聲在外的金融家，他曾經擔任昭和銀行總裁，是貴族院的成員，權勢可見一斑。

後來，這位多島通陽又把東京通訊這個剛剛嶄露頭角的公司推薦給原三井銀行的行長萬代順四郎。這下你就明白了，Sony 公司在這個時候和三井銀行建立起來了千絲萬縷的聯繫，Sony 依靠三井銀行的資金和三井物產的資訊收集能力，不斷在世界各地獲取拓展市場的新機遇。

比如，當東京通訊剛剛成立不久，萬代順四郎就下達命令，讓三井銀行投資東京通訊剛剛發行的股票，從一九四七年到一九五〇年，在三井銀行的投資下，東京通訊的資本額從十八萬美元飆升到三十六萬美元，整整翻了一倍。

直到今天，三井銀行依然有人作為獨立董事在 Sony 公司內部工作。強大的資本驅動力、卓越的技術眼光，Sony 想不創造輝煌都難。

在公司創立並且走向正軌之後，井深大開始從「聲音」完成自己的創造。契機來自於一九四七年，井深大有機會去參觀 NHK 大廈。那時候，NHK 還控制在美國人手中。井深大在大樓的一個角落裡發現了一台答錄機。美國人非常虛榮地想顯擺一下自己的科技能力，把一盤磁帶放進答錄機，然後，井深大就聽見了優美的音樂。

這件事情對井深大觸動極大，他興奮地大聲歡呼、歡蹦亂跳，他相信這個小東西足以變成一個偉大的產品，改變日本人的生活方式。

回到公司之後，井深大像中邪了似的開始研究答錄機。他把公司的工程師叫來，告訴他：「我發現一個新東西，把褐色的袋子纏繞在一個軸上，然後外邊用塑膠封起來。這東西放進一個機器裡就能出聲音和音樂，你給我造一個出來吧。」

工程師完全沒聽懂領導的意思。井深大也明白，這東西的確很抽象，也很難描述清楚。於是，他收買了一個美國人，從他們那裡借來了一台答錄機給工程人員演示。

結果，當然是大家都震驚了。所有人都說，日本真的需要這個東西，如果東京通訊能第一個研究出這玩意兒，一定會一炮打響的。

盛田昭夫和井深大決定開發答錄機，他倆幾天幾夜沒睡覺做了一項預算，結果是，要想造出答錄機，需要三十萬日元。

投資者，也就是盛田昭夫的父親起初依然不同意這筆支出，但結果很容易預料，那就是反對無效。一直到今天，你都會發現，Sony 是一家非常強悍的公司，他們常常能憑藉自己的口才和能力說服投資者放棄反對意見。

錢有了，但開發工作依然艱難。他們採取了最為原始的方式來開發這項偉大的產品。當時，磁帶的主要原料是草酸鐵，人們需要把這東西加熱然後做成磁粉。不過，在那個吃大米都成問題的年代，要想買到草酸鐵就必須去黑市上尋覓。

盛田昭夫和井深大二話不說，直奔黑市。雖然當時日本的黑市還是挺安全的，但畢竟是黑市，也暗藏各種欺騙和兇險。盛田昭夫和井深大在黑市上整整逛了三天，才買到了草酸鐵。

原料是有了，但加熱又成了問題，原因很簡單，他們沒有合適的鍋。後來，一位工程師從家裡把平底鍋找來了，他們架起火就開始加熱。最後，草酸鐵分解成四氧化三鐵和氧化鐵，而氧化鐵就是磁粉的原料。

井深大他們面臨的問題是，沒有塑膠，無法做基片。基片就是磁粉附著的那個塑膠帶子，也就是以往為了反覆聽一首歌，也為了省電，用鉛筆旋轉讓黑帶子回到原位，那個黑帶子就叫基片。

沒有塑膠怎麼辦？井深大和工程師們想了很多替代原料，比如紙張，可是紙張一摩擦聲音就巨大，比答錄機放出的音樂聲音還大。

後來，盛田昭夫找到了自己表兄開的一家造紙公司，從他們那裡買來了一大包牛皮紙，然後裁成極細的紙帶用來塗抹磁粉。沒想到，牛皮紙還真不錯，光滑圓潤有韌勁，不易折斷，非常符合做基片。

就這樣，Sony 歷史上第一盤磁帶誕生了。

死活也要賣出去

就這樣，Sony 從一無所有的公司造就了跨時代的產品；一個自己去黑市買材料的老闆成為日本的經營之聖，靈感之火加上不懈努力，使 Sony 呈燎原之勢。

在之後的日子裡，Sony 公司不斷更新自己的產品，以讓它們變得更輕便、更實用，也更便宜。在很長時間裡，Sony 公司的工程師堅持著這種艱苦的研究風格，他們不在乎硬體多麼殘缺，不在乎環境多麼惡劣，造物像一個強烈的磁石，在那個極其簡陋的辦公室裡吸引著每一個人。

就像一位在 Sony 公司工作了很多年的元老所說的那樣，那時候的工程師更像一位大廚，他們在平底鍋裡放上草酸鐵烘烤，然後再提煉；他們用刀把牛皮紙裁切成小細條，然後把這些東西組裝在一起。

這種讓天地動容的研究精神終於在一九四九年取得了革命性的進展。一位工程師對著麥克風說：「今天是個好天氣啊！」幾分鐘後，答錄機裡傳來了同樣的聲音。Sony為了紀念這盤磁帶，特意把它命名為「會說好天氣的紙」。從那之後，Sony公司每一個人的臉上都洋溢著如陽光般燦爛的笑容。

不到一年，Sony公司獨立研發的答錄機問世了。這個東西重達一百磅，價格為十六萬日元。

十六萬日元是個什麼概念呢？當時，一個政府公務員的工資（應該沒什麼灰色收入）是一年七萬日元，換句話說，買一台答錄機比我們現在買台車還要難。

Sony公司共生產了五十台這種答錄機，但在接下來的兩個月時間裡，他們一台都沒賣出去。井深大和盛田昭夫非常絕望，雖然他們一次次站在大街上向路人展示這個奇妙的發明，大家也紛紛表示關注，但沒人願意花大價錢買一台不能吃喝的答錄機。

後來，還是三井銀行的高層幫助了Sony公司。這位高管讓井深大在東京法院做演示，獲得了法官的極大興趣。當時法院最為頭疼的問題就是，大家說話語速都很快，尤其是法庭辯論，根本記錄不下來，要是有了這玩意兒，那就不用發愁了。

東京法院決定購買二十台。

教育部一看法院買了，也不能落後，他們也預定了十台，而且同時表示，如果Sony能研究出更輕便的答錄機，我們就要求學校都購買一台用來教學，再苦也不能苦孩子，一定要讓孩子們享受高科技。

井深大很興奮，他又開始和工程師窩在實驗室裡進行瘋狂的實驗。

憑藉著不懈的努力，井深大又對答錄機進行了改良，體積比之前的小了一倍，價格也是之前的一半。盛田昭夫很高興，他拿著新答錄機奔波在各個學校進行推銷，很快，新答錄機就賣得脫銷了。

在之後的兩年裡，Sony公司的答錄機不斷變小，變薄，變便宜，而它們的銷量也在不斷刷新，半年就售出了三千台。這對一家剛剛成立不久的公司來說，曾經簡直是遙不可及的夢想。

更重要的是，答錄機改變了人們的生活方式，就像今天的iPhone改變了電信業的格局一樣，答錄機也改變了人們過去寂寞的生活方式。

大街上隨處可見邊走路邊聽歌的人，隨處可見新聞記者拿著答錄機採訪，隨處能聽到從家裡傳出的優美的音樂聲。人們不再為時間的逝去而過於傷感，因為即使老了，也還能聽到年輕時候自己發出的聲響（那時候，還不知道什麼叫錄影帶）。

就在所有人都沉浸在答錄機給生活帶來的巨大衝擊的時候，井深大已經把興趣轉向了電晶體。作為一個工程師和技術人員，他不會為自己已有的發明過於歡呼雀躍。

井深大第一次注意到電晶體是在美國，當時，他參觀了貝爾實驗室的母公司美國西部電器公司，立刻意識到，電晶體將是日本下一輪技術更新的引擎。

經過努力，盛田昭夫從西部電器那裡購買到了電晶體，而西部電器公司告訴他們：這東西除了能做助聽器，還沒有別的用途。

對於剛剛從廢墟中站立起來的日本來說，美國公司的話簡直就是聖旨，沒人敢質疑。但特立獨行的井深大根本不聽信這一套，他深信自己的洞察力，相信電晶體一定有更廣泛的用途。再說了，助聽器這玩意兒做得再美觀，能有多大的銷量呢？不可能人耳一個吧？

為了驗證自己的眼光，井深大組建了一個特別研究小組，致力於電晶體的開發工作。這個小組彙集了公司內部，或者說全日本最精英的工程人員，他們幾乎都是從東京大學物理專業畢業，都對造物有著近乎偏執的熱情。他們沒日沒夜地工作、閱讀、試驗。

一九五五年年底，井深大的研究小組獲得了突破性的研究成果，他們製造出了功率為幾百兆赫的電晶體，換句話說，把這種電晶體放進收音機裡，就能縮小收音機的體積。後人管收音機叫半導體就來自於此。

一九五七年，Sony 製造的能放在口袋裡的收音機終於問世。說實話，當時他們製造的收音機還是挺大的，放口袋裡還比較困難。盛田昭夫是個商業奇才，他告訴銷售人員：「收音機沒那麼小，你們就把口袋做大一點。」

於是，在全國各地街頭你能看見銷售人員從大口袋裡拎出一台收音機，告訴消費者：「這麼小巧，你的口袋就能放下！」

憑藉著革命性的產品和精妙絕倫的銷售技巧，一九五七年，Sony 公司的收入達到了兩百五十萬美元，雇員一千兩百人。

公司發展雖然很好，但很顯然，盛田昭夫和井深大這兩位創始人並沒有絲毫的放鬆和滿足。井深大還在實驗室裡埋頭研究，而盛田昭夫則背上行囊，準備去西方國家開拓市場。

兩棲動物席捲世界

客觀來說，盛田昭夫當時的想法的確有些高估自己了，一家只有一千多人的小公司，一個剛剛從戰爭中恢復的小國家，一個被美國人佔領的土地上走出的企業家，他能獲得什麼呢？

當盛田昭夫雙腳踏上美國土地的一　那，他的確震驚了：鋼鐵造就的汽車穿梭在城市中間，摩天大樓幾乎達到了天頂；寬敞的馬路旁彙集的各種商店意味著這個國家商業的飛速發展。

在和西部電器公司短暫接洽之後，盛田昭夫決定去歐洲看看，準確地說，他想去看看德國，因為德國也是戰敗國，被人打得體無完膚，環境應該還不如日本吧？

可等他到了德國，看到的景象與他的想像大相徑庭。賓士、寶馬、西門子這些產業界巨擘的發展徹底把盛田昭夫震懾住了，他切實感受到，自己國家與西方世界的真正差距。

不過今天看來，日本比中國早三十年就勇敢地面向世界，看到了差距，樹立了趕超的決心。而這種決心也是建立在不屈不撓地努力和孜孜不倦的追求上，這種決心根植在堅實的基礎上，而不是虛無縹緲的「超英趕美」的口號上。

還有一個值得深思的故事是，盛田昭夫在德國吃午餐，一個服務員端上來一塊冰淇淋，上面有一把製作粗糙的小紙傘。服務員為了表示自己博學多才，跟盛田昭夫說：「這把小紙傘就是你們國家製造的。」

盛田昭夫覺得自己羞愧難當，恨不得把腦袋砸到冰淇淋裡。他在日記中寫道：「我多麼希望有一天，日本製造不再是廉價、粗製濫造、低端產品的代名詞啊。」

古人說，知恥近乎勇。

離開德國之後，盛田昭夫在荷蘭參觀了飛利浦公司。也是在這個時間裡，他萌生了改變公司名稱的想法。回到日本之後，他跟井深大商量，美國公司都是字母拼出來的，什麼 IBM 啊、RCA 啊、AT&T 啊，聽著就很國際化。再看看我們的名字東京通訊株式會社，誰能記得住呢？

井深大同意盛田昭夫的建議，讓他好好給公司取個名字。盛田昭夫想起來，公司生產的磁帶上面都有SONI字樣，這個單詞來自於拉丁文SONUS，是聲音的意思。盛田昭夫又想到了sunny-boy這個詞，這個詞很時尚，又能吸引年輕人的關注。

於是，盛田昭夫就把兩個詞拼到了一起，「Sony」就此誕生。從一九五五年開始，Sony的一部分產品開始使用這個標誌，到了一九五八年，在說服了頑固不化的元老之後，公司正式更名為Sony株式會社。

與此同時，盛田昭夫開始攢足力氣向歐美國家進軍。但是，盛田昭夫的內心深處是有底線的，那就是，堅決不能單純追求效益，而對Sony品牌造成損害。在一九五五年，盛田昭夫開始在美國尋找代理商，但無人問津。後來有一個代理商答應購買十萬台Sony的收音機，但要求是必須使用他們公司的品牌，原因非常簡單，沒人知道Sony。

盛田昭夫的意思是，拒絕這筆買賣！雖然十萬台是筆大單，不過這樣一來，Sony公司就淪為了代工工廠，對企業品牌的樹立毫無益處。

不過公司內部並不這麼想。包括井深大在內，大家都認為應該先賺錢，再說品牌的事。他們頻頻給盛田昭夫發電報，讓他放棄自己的理想，先把單子拿下來。被逼到絕路的盛田昭夫怒火中燒，他告訴董事會：我不僅僅是為你們負責的經理人，我還有更大的責任。

他所說的責任，其實就是自己老爹對公司的投資。別忘了，盛田昭夫的父親可是Sony最大的投資人。最終，董事會集體閉嘴，不再跟盛田昭夫叫板。

這並不是盛田昭夫最後一次依靠自己的權勢來改變董事會的決議，一直到他退休為止，盛田昭夫無數次憑藉權力來改變董事會的一些決定。

在和董事會糾纏的同時，尋找代理商這事終於有了眉目。井深大拜託他在三井物產的一位朋友，把Sony的產品推薦給了一位美國代理商。這家公司的確很有眼光，他看中了Sony收音機的小巧、輕便，當然還有便宜的價格。在之後的三年裡，通過這家美國公司，Sony銷售出了三十萬台收音機，同時，Sony的名聲也開始在美國獲得了廣泛的知名度。美好的時代緩緩向著Sony打開了大門。

而盛田昭夫自己也逐漸融入美國人的生活當中。雖然他住在狹窄的旅館當中，每天要自己洗衣服，吃著簡單的自助餐，但他依然樂在其中，他除了工作就是和鄰居聊天以此練習口語，偶爾他也會和代理商去百老匯看歌舞劇。他熱愛西方的生活方式，不僅僅熱切地希望自己能融入其中，更渴望自己的產品也能征服這片廣袤的土地。

一九五七年，Sony 製造出了世界上最小的半導體收音機 TR-63。這個小傢伙的售價相當於日本一個白領一個月的工資，但依然很快脫銷。

同時，這款產品在美國也獲得了巨大成功，僅僅是耶誕節這天，TR-63 就賣出了將近三萬台。

時至此時，美國人對 Sony 刮目相看。盛田昭夫決定在這裡建立分公司。那是在一九六〇年年初，剛剛建立的 Sony 美國公司並沒有大家想像的那麼宏大，也沒有人相信，日後，這家坐落在老鼠橫行的街道中的公司會成功收購哥倫比亞廣播公司，成為世界級的娛樂帝國。

Sony 美國公司建立之後的第一任總裁叫鈴木方正，他是盛田昭夫的高中同學。這位高中同學曾經在三井物產工作，涉足石油交易領域，有著對商業無比敏銳的洞察力。

Sony美國公司剛剛建立的時候只有十三個人，盛田昭夫堅持每個月有十天在這裡度過，他和員工們一起沒日沒夜地工作。而所有員工都樂於這樣奮鬥和拼搏，他們這樣評價盛田昭夫：在他創造的激動、緊張的氛圍中，我們產生了巨大的熱情。

在這種熱情的驅動下，盛田昭夫在分公司成立一年之後，決定在美國上市。一九六〇年秋天，Sony和東芝、日立、三井物產、三菱商社等一百家大公司一起，向美國財政部門申請在美國上市並且獲得批准。而這些公司中，Sony是最小的一個，卻最被看好，原因就是Sony已經在美國人心目中樹立了良好的品牌形象，而盛田昭夫也早就成為美國上流社會中的交際大師。

說到這裡，可能很多人都會感歎盛田昭夫被西化的程度，時至今天，依然有很多人認為，盛田昭夫不是道地的日本商人，從小就聽交響樂的喜好造就了他基因裡的西方人的生活習慣和行為方式。

但事實真的如此嗎？

盛田昭夫出生在一個特別傳統的日式家庭裡，他一出生的目標就是要繼承家業，而他的家業又是頗具日本特色的製酒業。在這樣一個近乎嚴酷的東方家庭裡，怎麼能塑造出一個西方人呢？

我一直希望找到西化面具背後的盛田昭夫。直到我在 Sony 公司的檔案中看到了盛田昭夫的大兒子說的一段話，瞬間了然，也更欽佩盛田昭夫的偉大精神。

他說：「如果你想扮演一個國王，那你在任何時候都必須像個國王。我父親對此非常在行。在他的心目中，他是盛田家的家長，是全日本成長最快的企業之一的總裁。他不得不表演，他不得不扮做世界上最善解人意的日本商人。實際上，我不認為這是真的。他從來就不擅長於其中任何的角色，包括作為一個丈夫，還包括作為一個父親。」

原來，在人前八面玲瓏的盛田昭夫不過是在表演，為了家業、Sony，他在不停地表演。而關於盛田昭夫家中的生活也驗證了這一點。

他在家裡面是絕對的大男子主義者，也是一位不容置疑的獨裁者。就連幾年後，盛田昭夫決定要去美國定居的時候，都沒有事先通知家人，而是準備出發的前一天，才告訴全家：明天我們就去美國定居了。

在盛田昭夫家裡，等級制度非常森嚴，大兒子、小兒子吃飯的座次都很有講究，絕對不能亂坐。

最慘的是大兒子，他一生下來就必須要繼承盛田家的家族生意，想幹點別的，門兒都沒有。

盛田昭夫的鄰居說：從他們家裡，我們很少聽到笑聲。串門的時候，兒子們都一絲不苟地坐在那裡，誰也不會隨便說話。

這種家庭制度和西方迥然不同，而它透露出的資訊就是，盛田昭夫還是一個純粹的日本人，無論他多麼會表演，回到家後，還是會摘掉面具，嚴厲對待自己的家人。

不過，盛田昭夫自己對這種心態和表演倒是沒有隱瞞，很多年後，他在自己的私人會所裡掛了這麼一幅字：「我們日本商人必須是兩棲動物，我們必須在水中和陸地上生存。」

他曾經這樣解釋這句話：「日本商界領袖都是兩棲動物，一種環境是日本，在這裡形成一套根植於本土傳統的文化價值和行為方式；另一種環境是世界，在那裡整個世界觀都是可以模仿的，但永遠不會被全盤吸收。」

透過這句話，我們能看到盛田昭夫強韌的靈魂，他為了事業、為了 Sony 可以數十年如一日地掩蓋自己的內心，可以喬裝打扮，可以忘記自己的真實性格。

即使以我們今天的眼光來回望日本商業的歷程，依然能感受到 Sony 對於日本企業國際化的巨大作用，以及那一代企業家不肯止步於眼前的魅力。Sony 只是一個典型的案例，其實在整整一代人的生命中，許多日本人都在努力讓自己國家的產品擺脫低質價廉的邪惡詛咒。在戰後，讓日本經濟振興、改變世界、自我救贖是那一代企業家的集體夢想。他們所做出的努力也值得流傳青史。梳理他們的奮鬥史，會發現這一代創業者有幾個特色：

第一，秉承漸進式創新。如前所述，日本企業家很少創造出新的產品，但他們能在既有的產品形態上不斷革新，尋找痛點，進行優化。比如，讓答錄機更加輕薄，更加廉價，品質更優。這也是此後日本經濟發展的根本源動力。第二，此時日本的企業家都有著一種燃燒自我的精神。在日本戰後的十年裡，他們面對著滿目的瘡痍，尋找機會，無論是商業模式、還是產品，他們都能自發地革新、前進、創造。這種精神只有在一個特殊的時期才能廣泛存在。當進入二十世紀之後，日本經濟趨於成熟，企業也建立了一套屬於自己的法則，人們開始沉浸於這種穩固、健康的體系中，不斷趨於僵化。

第三，開始重新審視自己的管理哲學。他們擺脫了明治維新時期企業家的精神，開始重新締造自己的商業思想。比如，松下幸之助說，企業存在的價值就是創造良好的產品。這種觀點讓當時很多日本企業擺脫了二戰之前對於企業價值的定義。另一方面，日本企業家也力圖在實用層面創造一些新的思想。盛田昭夫有一個著名論斷：從我的人生經歷經驗與教訓而言，你要想把握這萬分之一的機會，同時，必須具備以下一些條件：一是目光長遠。鼠目寸光是不行的，不能看見樹葉，就忽略了整片森林。二是必須鍥而不捨。沒有持之以恆的毅力和百折不撓的信心是無濟於事的。假如這些條件你都具備了，那麼有一天你將成為物質財富和精神財富的百萬富翁，只要你去付諸行動。盛田昭夫這樣的論斷頗有幾分成功學的意味，但至少從一個側面說明，當時日本社會對於這種創業雞湯的渴求，顯現了當時日本社會對於成功和創造的渴望。

第四，對於世界的好奇心。擺脫戰爭的故步自封之後，日本企業家開始領略世界的變化。特別是對美國的學習。無論是汽車企業，還是電子公司，他們都願意虛心求教，甚至是以弱勢的姿態與歐美公司展開合作，一方面，他們期待自己的產品進入嶄新的市場，同時，也渴望能獲得更前衛、更先端的技術支援。除了松下、Sony，像 Sharp 這樣的公司也積極進入歐美市場；而豐田汽車早就開始和通用汽車展開深度合作。

第五章 藏富於民

小公司的能量

日本經濟從量變到質變發生在二十世紀六〇年代。經過了美國人的佔領、緩慢復興、朝鮮戰爭的刺激，日本終於迎來了二十世紀三〇年代之後的重新崛起。

從二十世紀六〇年代開始，日本的GDP國內生產總值每年都保持著9％左右的增長，成為當時世界上增長最快的國家。從二十世紀五〇年代中期開始，日本人似乎就像商量好了似的，很少再用「戰後」這樣的詞語，取而代之的是「神武景氣」。意思是，自打日本第一代神武天皇之後，再也沒出現過今天這樣的繁榮景象。

二十世紀六〇年代，日本承接了前十年的飛速發展，並且最終走向了輝煌的頂點。

日本當時的繁榮景象是從民間投資增加開始的。一九六一－一九六三年，日本民間企業投資每年增長都達到了30％以上，而在二十世紀五〇年代，這個數字還是10％左右。這說明，日本當時經濟的騰飛在很大程度上依靠的是民營企業的飛速發展，無論是財閥也好，還是Sony、本田這樣的新興公司也好，它們都搭上了經濟飛速發展的列車，成就了自己的輝煌業績。

雖然日本依然存在著財閥體系，但客觀地說，在二戰之後，這種體制對日本商業更大的作用是促進而不是削弱。比如我們前邊提到的，很多日本財團周圍都有著諸多小公司盤踞在產業鏈的各個環節。它們同進同退，同生共死。這種體制沒有遏制民營資本的發展，反而推動了民營企業的進步。

現在，中國產業如何進行產業升級，如何解決人口紅利問題，已經是任何企業都無法逃避的現實了。

而日本在二戰之後，中小企業一直靠勞動密集型方式來維持生計，但時間進入二十世紀六〇年代，這種情況發生了變化。

一方面，隨著經濟的發展，勞動力出現短缺，「民工荒」浮出水面。另一方面，勞動者成本不斷提升，這就要求中小企業提高生產率，賺取更高的利潤。而相當一部分企業也意識到，要實現這種轉變必須依靠先進的技術。它們紛紛從海外引進技術專利，然後依靠優秀的技術人員進行生產開發，降低產品成本，提供高附加值。這種方式不僅僅讓相當一部分中小企業獲得了新生，而且還造就了一批中堅力量的公司，比如 Sony 就是白手起家，依靠技術優勢成為一家大財團的。

所以，在二十世紀六〇年代，日本中小企業發生了分化，一部分公司走向沒落，直至消失；還有一部分成為某個行業的中流砥柱，比如阿爾卑斯電氣公司因生產調諧器成為行業翹楚；京都陶器公司專門生產陶器也獲得了巨大成功。還有專門生產快門的，專門生產軸承的，專門生產喇叭的，等等。

而且這些公司也很靈活，不局限於一個領域，而是能在經濟形勢變化的時候迅速找到新的增長點。比如三陽商會原本是生產雨衣的，可是進入二十世紀六〇年代就開始製造機械；還有以前開照相館的後來開始生產原子能儀器，等等。這樣的例子特別多。

縱觀二十世紀六〇年代，日本中小企業逐步成為各個行業的中堅力量，它們的利潤率比大企業還要高，這在世界商業區域中都是罕見的。這充分說明日本中小企業的靈活性和對市場把控能力的強大。

當然，這些都是「術」，日本企業家具有的「道」更加重要。很多中小企業家並不滿足於賺錢、花錢，他們有種強烈的使命感，即讓自己的公司長久地生存下去。這種企業家精神具有漫長的歷史，比如日本歷史上就對私有財產有保護的職責，你開一家麵館，只要不倒閉，幾百年都是你的，不會被無情地剝奪掉。

總之這種精神被傳承下來，深刻影響著日本的商業經營者，松下幸之助、本田宗一郎、稻盛和夫、盛田昭夫，無不是這樣的精英。

還有一點需要強調的，就是日本技術工人的素質非常高，這和日本重視教育緊密相關。在日本工廠裡很少有進行簡單加工的工人，工廠的技術提升依靠的是廣泛存在的工程技術人員。

二十世紀六〇年代，日本經濟發展的另外一個特點是，日本開始大張旗鼓地推動國民收入倍增計畫。這項計畫有五個主題，它對中國有著強大的借鑒意義。

第一，充實社會資本；第二，引導產業結構向高度化發展；第三，促進貿易和國際經濟合作；第四，提高人的能力和振興科技；第五，緩和雙重結構與確保社會穩定。

我以為，這些政策最核心的內容是大力推動民間資本的發展，讓民營企業更具有競爭力。國民收入倍增計畫的第一條就是，要讓民間企業保持增長，避免統制手段或行政方面的煩瑣化。我想起約伯斯去世時，財經作家吳曉波說：「與其討論為什麼中國沒有賈伯斯，不如討論為什麼中國沒有強大的民營企業。」

答案自然很明朗，那是因為中國民營企業的生存空間不夠良好。那麼，為什麼日本會好呢？因為日本在戰後，無論是政府還是民間都在反思戰爭對商業的破壞，而最嚴厲的破壞就是戰時的統制經濟政策。它通過行政手段打壓民營企業的發展，而讓大財閥獲取戰爭的高額利潤。這是戰後的日本企業所無法容忍的。

為了徹底根除這種制度根源，日本幾乎放棄了政府干預商業的習慣，反之，開始大力推動民間資本的發展，因為他們認為，只有民間力量強大了，才會避免重走戰爭的覆轍，才能振興經濟，緩解社會矛盾。

另外一方面，日本為了實現國民收入倍增，開始大力發展教育。日本人以為，國民收入的最核心的因素，就是人。意識到這一點之後，日本開始大力發展教育，每年都會提高政府預算用來提升日本的教育水準。

還有一點，日本的國民收入倍增計畫還關注消除貧富差距。比如，政府規定了幾年之內的目標是，縮小大中企業之間的工資差距、消除工農之間的收入不均等問題。到今天，雖然很多人說日本陷入了經濟緩慢增長階段，但從衡量貧富差距的尼基係數來看，日本的貧富差距依然是發達國家裡最小的。這不能不說是國民收入倍增計畫的偉大貢獻，也是日本成為如此穩定國家的根源。所以說，穩定壓倒一切並非一句空談，關鍵在於如何實現穩定，前提就是讓大家過上人過的日子，吃上人吃的飯，住上人住的房子，娶得起人該娶的老婆。

日本在這方面的確取得了巨大的成就，收入倍增計畫的一個重點就是讓日本人老有所依。一九六一年，日本在考察了美國的社會保險制度之後，開始實行全民保險、全民養老制度。這個制度把全日本公民都納入了保險體系，為日本邁向高福利國家奠定了堅實的基礎。

除此以外，日本也制定了類似於《日本工人健康保險法》這種針對不同行業、不同勞動屬性的群體的保險制度。

另外一方面，為了讓日本人生活更加富足、便利，日本在二十世紀六〇年代之後開始了轟轟烈烈的建設運動。一時間，城市化、工業化的浪潮席捲了日本的各個角落，幾乎每一個公民都在為這個目標貢獻力量。

城市化的發展過程中必然存在一個問題，就是人口越來越向大城市集中，比如東京在一九六二年人口超過一千萬人。這樣一來，如何縮小地區發展不平衡的問題就擺在了眼前。

很快，日本頒佈了《東北開發促進法》，致力於提升日本東北地區的公共事業，讓這片有些荒涼的區域繁榮起來。同時，日本還在北海道地區設立開發公庫，增加了企業融資貸款的新管道。

另外，針對人口集中導致日本出現的上班難、上學難、買房難等問題，日本政府又展開了據點開發的新想法，也就是在城市規劃出哪些地區人口密集，哪些地區人口相對稀少，然後針對人口少的區域增加投資。同時，政府也開始填海造地，增加城市的容量。

還有，為了縮小地區間的經濟差距，滿足大家上班、上學的需求，日本開始建造新幹線，從而引發了一場交通革命。日本經濟學家認為，從一九六四年開始，日本進入了高速時代。

一九六四年，東京到大阪的新幹線正式通車，法國國有鐵路公司的總經理參觀之後，興奮地說：「日本新幹線的建設，向世界表明，鐵路事業並非日薄西山。對於這個偉大的事業，世界的鐵路公司都該向日本致敬。」

新幹線採用了當時世界上最先進的技術，特別是運用了最安全的保護措施，將事故率降到了最低。所以，新幹線一問世立刻獲得了日本人民的喜愛，雖然當時的票價很高，但乘客數量卻每日增加。

除了鐵路以外，日本也在大力發展公路交通。日本成立了道路公團，專門從事道路交通的開發。於是，連接日本各個城市的高速公路接連出現，大大縮短了地區之間的距離。同時，高速公路還促進了汽車業的繁榮，徹底改變了人們的生活品質。

當然，這些轟轟烈烈的政策也不見得都是有效的、積極的。比如，過分發展工業造成了日本在二十世紀七〇年代出現了環境污染等問題。可以說，以上這些制度都取得了巨大的成就，當然，這些也是一個國家走向強盛的必要路徑，哪個國家忽視這些政策，哪個國家就會走上歧途。

那麼，在日本的革新過程中最具有自己特色的是什麼呢？是對技術的重視。早在一九五六年，日本政府就把技術革新寫進了《經濟發展白皮書》，政府認為，像日本這種資源匱乏的小國，只能通過技術革命來賺取利潤，而無論工業化還是企業發展，都必須以技術作為推動力。

日本的技術革新很有特色，就是大量買入西方國家的技術，並且重新進行改進，推向市場。這種專利買入主要集中在三個領域：

第一個領域是重工業，比如鋼鐵、造船、硫酸等。這部分技術日本水準並不差，反而在某些方面可能還處於領先地位。

第二個領域就是當時西方國家比較強，而日本還比較弱的汽車和家電領域。關於這一塊，前邊已經進行了詳細的敘述。

第三個，就是當時西方國家也剛剛發展起來的類似於電子工業、原子能等領域。

汽車家電救日本

這些技術革新當中，對人們生活影響最大的就是汽車和家電兩個行業。

二十世紀五六十年代，日本人心目中的神器從兩機一箱（電視機、洗衣機和電冰箱）發展到了3C（小汽車、空調和彩電，這三種電器的英文首字母都是C）。這說明，日本開始進入了一個高消費的時代。日本政府一九五九年的《經濟發展白皮書》中寫道：日本家庭用電器的消費支出一年間增長了60％，特別是電視機和電冰箱增長了一倍以上。而汽車的發展也以嶄新的姿態出現在了整個日本。

白皮書中的這段話其實很有意思，很多人知道，在日本有「經營四聖」的說法，指的是松下幸之助、本田宗一郎、盛田昭夫與稻盛和夫。

除了稻盛和夫年歲比較小，趕上了互聯網浪潮以外，另外這三個人都是在電子和汽車領域湧現出來的經營奇才。

一個繁盛的時代催生了偉大的企業家，而偉大的企業家又推動了這個繁盛的時代不斷自我革新。整個日本像一個巨大的機器，不斷自我修正，不斷運轉。

還需要強調的一點是，日本產業界出現的風生水起的局面與外部環境的關係依然非常密切，在朝鮮戰爭之後，日本雖然不能再像以前一樣給美國人提供各種物資了，但隨著日本貿易自由化的實現，這個國家開始真正實現了「走出去」的戰略。

二十世紀五〇年代後半期開始，隨著美元大量流向世界各地和西歐國家走出戰爭陰霾，各國紛紛開始匯兌自由，日本也不安於現狀，開始改變封閉的經濟體制，努力進入國際大市場。

一九六〇年，日本內閣通過了「自由化大綱」，開始讓貿易興盛起來。在此之前，日本對貿易一直採取保護措施，為的是讓岌岌可危的本國工業在海外商品的侵襲下存活下來。

隨著日本經濟的發展，日本在一九五二年加入國際貨幣基金組織，一九五五年又加入了《關稅與貿易總協定》，開闢了自由通商、取消貿易壁壘的道路。

進入二十世紀六〇年代之後，日本的海外出口一路飆升，出口額從一九五五年的二十多億美元增長到四十多億美元。也就是說，在短短的五年裡，日本出口翻倍。特別是在一九五九年，日本對美國貿易首次出現了黑字（財政收入大於支出），大大振興了日本產業界的信心。

不過，自由化的道路並不平坦，特別是在日本產業界還存在著如何保護本國產業的爭論。很多人擔心，一旦實現自由化，美國物美價廉的產品就會蜂擁而來，那時候，日本本國產品的競爭力就會受到巨大威脅，恐難生存下去。於是，產業界人士分為兩個陣營，一部分人認為，日本產業界發展需要官民協商，也就是調動政府的力量，保護民族產業；而另一部分人則堅決主張貿易自由化，讓企業自由調整。

最後，通產省[5]進行裁決，他們認為，先開個會討論吧。

這個會議彙集了產業界、金融界的精英們，大家坐在一起喝著茶、吃著點心開始思考日本產業界的未來。眾位精英決定兩種方式都採用，針對那些與國計民生相關的、在國際競爭上還比較弱小的產業，政府應當扶持；而對於那些發展勢頭很好很強大的領域，就讓它們進入國際市場，跟西方公司PK去吧。

最後，確定下來的由政府扶持的產業包括鋼鐵、汽車和石油三大產業。可惜，這個提議一經公佈就遭到了社會的強烈抵制，很多經濟學家警告，如果扶持重點產業，日本的未來一定是官僚掌權、官商勾結，最後沒准還會走向獨裁體制的道路。通產省也覺得反對聲音太大，最終這個方案沒有落實下去。

不過，或許是日本商人的傳統習慣問題，這個官民協商的體制在某些方面還是保存了下來，比如許多產業開始搞官民協商懇談會，也就是讓公司聯合起來，形成新的卡特爾[6]以對抗西方產品的競爭。

比如，一九六四年，三菱旗下的三菱重工業公司、三菱日本重工業公司和三菱造船公司實現了合併，成為重工業與海運公司相結合的大寡頭。按理說，這種合併多少有些違反《反壟斷法》，但在日本政府的支持下，合併還是完成了，其目的就是為了增強日本在重工業方面的國際競爭力。

汽車產業在這方面也比較突出。通產省政府領導意識到，汽車產業在未來的幾十年裡都會是一個非常優質的資產，所以，他們提議日本建立以豐田和日產為核心的兩大財團，與西方汽車企業對抗。在這個政策的鼓勵下，豐田和日產開始在日本國內收購其他小的汽車工廠，同時通過交叉持股把上、下游產業也都納入自己的汽車帝國當中。

這項政策給豐田汽車帶來了巨大的機會。實際上，在二戰之後，豐田的業績雖然取得了飛速成長，在海外市場卻屢屢遭到挫折。

豐田公司的領袖們決定主動出擊，挽回顏面。在二十世紀六〇年代，豐田汽車

5　通產省：通商產業省，是日本舊中央省廳之一，承擔著宏觀經濟管理職能，負責制訂產業政策並從事行業管理，是對產業界擁有很大影響的綜合性政府部門。二〇〇一年改組為經濟產業省。

6　卡特爾（Cartel），是由一系列生產類似產品的獨立企業所構成的組織，目的是提高該類產品價格和控制其產量。

所在的舉母[7]已發展成為豐田市，但仍然屬於偏遠的地方。東京一位經濟記者在採訪豐田後，有過一段傳神的描寫：「來採訪之前，特別問過路怎麼走。但是，沒想到從名古屋到豐田市，還有那麼遠一段路。我搭乘『名鐵電車』在一個叫『知立』的小站下車，再換乘『三河線』的電車，這路電車是那種搖搖晃晃的鄉下電車，並且是單線。坐在車中朝窗外看，一片田園景色，看到的是剛收割過的稻田，以及零零落落的狗尾巴草。搖晃了一個多小時，才終於到了一個叫『豐田自工前』的車站。說實在的，名聞天下的豐田，就在前面不遠處嗎？可真讓我有些懷疑。」

那時的豐田市，沒有娛樂業，也沒有正規酒店，更沒有夜總會。外人出差到豐田，只能住進一種「民宿」式的旅館，即當地老百姓把家宅空出一兩個房間供旅客住宿，就跟現在的城裡人去郊區住的農家大院差不多。

所以說，當時的豐田跟美國那些汽車大老闆比起來，還真是九牛一毛，不值一提。

但隨著日本頒佈了產業扶植政策，豐田意識到自己的機遇可能來了。既然政府說要把汽車產業化成三個大集團，那麼豐田就應該張開「血盆大口」，拼命吃飯。

首先送上門來的是王子汽車。這家公司以生產卡車為主，但業績很一般，它希望能和豐田合併。

但豐田拒絕了。石田退三認為，日本的政策沒有定數，今天說鼓勵合併，搞不好明天就改弦更張了。而且，這項併購多少和當時的《反壟斷法》有衝突，豐田不敢冒進。

很快，王子汽車投奔了日產汽車。石田退三有點小鬱悶，明明是自己嘴裡的肉，怎麼就跑到別人家裡去了？而且這個人還是自己最大的競爭對手。

接著，又一個機會來了。三井旗下的日野汽車也在尋找買家。日野汽車公司是1941年從五十鈴柴油機汽車工業株式會社中分離出來的，主要生產卡車、客車。二十世紀六〇年代初，日野與法國雷諾汽車公司合作，生產一種叫做「肯塔夏」的小轎車，但銷售非常不順利，日野因此處境艱難，赤字像滾雪球一樣越滾越大。

當時，給日野汽車投資的銀行是三井銀行。三井擔心日野會支撐不下去，所以

7 即今天豐田市的一塊灌木叢生，根本不適合於農作物生長的土地，當年豐田企業在此破土興建汽車生產廠。

懇求豐田收購。說實話，日野汽車的財務狀況比起王子汽車來差很多，赤字遍地，沒有利潤。石田退三本來不想買，但問題是，三井跟豐田家族的關係太密切了，已經是你中有我、我中有你了，根本無法分割開來。

於是，他們決定聽從三井的安排。

三井也考慮到國家對壟斷很敏感，所以並沒有要求豐田汽車進行收購，而是讓日野和豐田簽署了一份合作協定，具體方式是，豐田委託日野來進行汽車生產，而日野之前的產品要全部廢棄。

當時，日野已有卡車與小轎車兩個單獨的經銷網，不生產「肯塔夏」，小轎車經銷網便無車可賣。而豐田也無法照單全收日野的小轎車經銷網。比如在京都，日野與豐田的小轎車經銷商門對門，這樣，肯定不能兩家都賣一種車型，要拋棄一家，就只能犧牲日野的經銷商。所謂長痛不如短痛，經過短暫而慘烈的重整，日野停止生產「肯塔夏」，轉而接受豐田的委託，以每輛計價的方式生產小卡車，同時鞏固原有的大型卡車生產。也就是說，日野至此完全放棄了向小轎車市場發展。

這樣的合併對豐田來說，還真是有利得很。讓日野開始造卡車，一方面，豐田能集中精力製造小汽車，而日野告別轎車領域又給豐田清除了一個對手，何樂而不為？

日野的合作模式給當時日本的汽車產業提供了一個好的範本。很快，大發汽車也希望自己被吞併。這次又是三井銀行出面當紅娘，促成了合併。合作之後，大發放棄了 1000CC 以下的轎車生產，把這部分業務讓給了豐田，而自己專注於 1000CC 以上的汽車研發生產。

這兩起很牛的合作讓富士財團的富士重工大為眼紅。它也希望找到一棵大樹來乘涼。不過，富士內部分歧很嚴重。一部分人傾向於把富士重工交給日產，因為日產也是富士財團的一部分；而另一部分人覺得日產雖然強大，但還比不過豐田，還是應該給豐田。

豐田的石田退三認為富士重工的業績比日野和大發都好，應該買入。可惜，他當時正忙著收拾那兩家公司，根本無暇顧及富士。富士覺得自己被冷落了，最後還是投入了日產汽車的懷抱。

最有意思的是五十鈴公司。這個公司的處境最為尷尬，它過去是與日產、豐田並列的三大汽車公司之一，如今雖然家道中落，但還是難以拉下面子進入豐田、日產的旗下。徘徊一陣後，五十鈴找上了三菱財閥，與三菱重工業公司合作。可是，兩者之間合作的基礎不穩，不久便告分手。萬般無奈，五十鈴一度加盟日產，拖了幾年，又各奔東西。誰知東方不亮西方亮，五十鈴居然抓住個機會，做了豐田、日產幾度想幹卻沒幹成的事：與美國佬聯手打天下。不過，五十鈴的盟友並非福特，而是世界第一大汽車公司——通用汽車。

五十鈴利用這一機會打開了歐洲市場，其推出的轎車 Jemini、Asuka 系列，開始引起世人注目。從此五十鈴把追求「世界名牌」作為目標，找到了自身的位置。

到這個時候，日本汽車產業的劃分已經基本完成，形成了豐田、日產兩大財團並立的局面。很多小的汽車公司都放棄了繼續創業的初衷，紛紛與大財團們聯姻。

與壟斷對抗

不過，也有人不理這一套，他認為自己創業，也能跟豐田、日產較量一番。他就是本田宗一郎。

本田宗一郎一直是玩兩輪車的。此時本田公司製造的摩托車已經享譽海外，取得了不俗的戰績。但本田宗一郎並不滿足，他認為，真正能帶來高附加值的交通工具依然是小汽車，而只有小汽車才能從根本上改變人們的生活習慣。

通產省並不贊成本田宗一郎的夢想，通產省堅持認為，孤軍奮戰不利於日本汽車行業的整體發展。但本田宗一郎則對通產省的警告置若罔聞。

媒體也並不看好本田宗一郎的決定。在那個年代，汽車產業已經是一個相對封閉的產業，新崛起的公司很難進入；再加上通產省對日本經濟的控制力極強，克萊斯勒的經營者就曾經說過，日本的企業界誰也不是單純用自己的力量在競爭，其中從頭到尾都有通產省的參與。

本田宗一郎還是決定試試。在兩年的時間裡，通過購買豐田的設備和技術，本田公司在一九六三年推出了小型卡車 T360 和賽車 S500。

本田宗一郎雖然敢於蔑視規則、打破規則，但他並非毫無謀略的匹夫。當時日本做賽車的公司非常少，而摩托車又是本田的老本行，將摩托車的引擎進行改造，然後裝進賽車裡，不僅能規避開和豐田、日產的競爭，還能開闢一個新領域，通產省似乎也無話可說。

但研發的過程並非一帆風順。一九六五年，本田設計的跑車在英國一級方程式賽車比賽上大敗而歸。本田宗一郎怒不可遏，他叫來工程師大肆訓斥一番，然後把賽車拆開仔細檢查。他發現，這位工程師把賽車的汽缸重量給減輕了，於是他更為惱火，要求這位工程師在工廠裡給所有職員道歉，且本田宗一郎會全程陪伴。

工程師把這次失誤當做奇恥大辱，他發誓，一定會改進這款賽車的設計。後來，本田宗一郎才想起來，減輕汽缸重量，其實是他自己的主意。

這位工程師痛定思痛，開始刻苦研發，並且每次和本田宗一郎討論的時候，口袋裡都偷偷帶一個答錄機，心中暗想，以後再出事可別怪我了。

失敗只是暫時的，一九六五年十月，經過改良的本田四輪F1賽車終於在國際大賽上取得了冠軍，舉世震驚，本田終於在這個領域成了世界第一。

通產省官員跑去祝賀，本田宗一郎微笑著說，「要感謝你們的苛責，否則我哪裡會成長得如此迅速。」

一九六五年，本田的銷售額達到一千億日元，出口額占了一半左右。此時，日漸成熟的本田管理模式開始成為日本很多企業家效仿的對象。

而本田宗一郎也開始在管理方面進行一系列改革。他一方面秉承日本公司獨特的管理風格，同時以開放的胸懷引進西方的管理體系。

二十世紀六〇年代開始，本田宗一郎決定改變本田公司的世襲制度。雖然二戰結束之後，日本很多公司都在打破家族體制，廢除世襲制，但家族企業領袖的影響力依然存在於公司內部。比如，雖然三井這些財閥的家族領袖們已經逐步淡出了管理層，但他們對家族企業的控制力依舊強勁。而本田宗一郎從內心深處憎恨「家天下」，他篤信家族企業必然會阻礙企業的發展，這早晚會成為日本公司失去創新力的頑疾。第一個成為本田宗一郎改革犧牲品的是他的親弟弟。

本來，這兄弟倆的感情一直很好，本田的弟弟也在本田公司工作。可是，有一段時間，本田宗一郎開始疏遠弟弟，也拒絕跟他一起吃飯、喝酒。

直到有一天，本田宗一郎突然把弟弟叫到身邊，跟他說，別在公司裡工作了，去幹點別的吧。本田繼續說，因為本田是一家股份制公司，不是本田家自己的公司，本田宗一郎也不過是大家選出來的經理人而已。所以，不能讓外界認為本田是「家天下」。

弟弟很委屈：「松下家不也是家族裡的人管理公司嗎？」本田宗一郎搖搖頭：「別人的事情我不管，但本田，我說了算！」

弟弟無話可說，默默地離開了公司。

一個月之後，本田宗一郎的兒子也辭職離開。前後一年的時間裡，本田家族的人都已經從公司的職位上退了下來，成為一家真正的社會公司。

在公司結構改革方面，本田宗一郎的另一個創舉是把研發部門從本田技研中獨立出來，成為一家自己運作的公司。

這麼做的目的，就是為了提升研發在整個公司中的地位，減少從創意到生產之間的層級。獨立公司一設立，就獲得了工程師們的強烈歡迎。在這種體制之下，生產公司如果遇到問題，能夠立刻向研發公司提出，研發公司就會根據實際情況提出解決方案，然後再由生產部門進行實踐。

這樣一來，就跟日本其他製造業公司形成鮮明的對比。在大部分製造業公司裡，研發部門通常很清閒，沒什麼正事兒幹，每天拿著儀器煞有介事地做實驗，而實驗成果大部分都無法轉化為商品。

本田宗一郎為自己的創新感到驕傲，他曾經說：「我們的研究所比那些培養碩士、博士的學校還要有意義。」

自那之後，世人都能看到本田公司技術人員如同天馬行空一般的想像力。他們可能花費巨大力氣研製機器人，只為了證明自己的技術優勢；他們可以整整一年不創造新的東西，只為了改進汽車引擎；他們在本田宗一郎的全力支持下成為日本汽車行業革新的永動機。如果說，豐田汽車的品質管制成為行業準則，那麼本田則更有理想主義精神，他們任由研發精神像野馬一樣在浩瀚的草原上馳騁，不期待短期收益，而是尊重技術本身的力量。

第六章 小器物締造大財富

創新時代

從前面的描述中，在二十世紀六〇年代，日本各個行業都在大建資本主義，而且總的來說，以民富為本的策略非常奏效，改善人民生活，增加人民財富的宗旨也得到了良好的體現。而從民富出發更能讓各個產業的發展進入良性迴圈的發展。

這種飛速發展在一九六四年的東京奧運會達到了頂點。日本是亞洲第一個主辦奧運會的國家。作為第二次世界大戰戰敗國，日本基本上在二十世紀六〇年代初期完成了「經濟起飛」的第一階段，迫切需要一個機會向世界重塑日本國形象、提高國家尊嚴、振奮民族精神，一九六四年第十八屆東京奧運會就成了實現這一目的的舞臺。

一九六三年東京奧運會臨近時，日本掀起了建設投資的高潮，結果形成了日本經濟史上著名的長達二十四個月的奧林匹克景氣。一九六五年有短暫「奧運低谷效應」，經過調整，到一九六六年又出現了比奧林匹克景氣規模更大、持續時間長達五十七個月的伊奘諾景氣[8]。

除了展示國家形象，奧運會還讓一些之前沒名氣的公司浮出水面。一九六〇年五月，在確定東京成為舉辦城市的同時，精工集團取代了歐米茄成為大賽的指定計時用表提供商。同年八月，精工派出專門的技術人員旁觀了義大利羅馬的奧運會，為四年後的東京奧運會做衝刺的準備。

「能否將目前的計時裝置更進一步」是當時精工喊出的口號。「目前的計時裝置」是指龐大的石英鐘，石英鐘雖然擁有極高的精密度，但電力消費驚人，且用途有限。精工在一年之後（一九六一年）成功地研發了利用乾電池的石英錶。電力消費降到了上一代的萬分之一，三公斤的重量更是讓隨身攜帶成為可能。

精工憑藉這款石英錶成為計時領域的領跑者，更是在取代機械式碼表（stopwatch）的進程中一馬當先。隨著數碼碼表（digitalstopclock）、石英天文鐘

8 伊奘諾景氣指日本經濟史上自一九六五年十一月到一九七〇年七月期間，連續五年的經濟增長時期。一九六四年日本舉辦東京奧運後，曾一度陷入經濟不景氣，政府於是決定發行戰後第一次建設國債。一九六六年後，經濟景氣持續暢旺。「伊奘諾景氣」之名原自日本神話中創造眾神眾生的伊　諾尊。

（crystalchronometer）以及印刷計時器（printingtimer）商品化的實現，精工為計時裝置領域做出了劃時代的貢獻。

在東京奧運會自行車、五項全能、馬術、射擊以及游泳等項目中，也有二十台精工製造的「printingtimer」提供精准的計時服務。四十多台石英天文鐘則第一次成功應用在其他比賽專案如馬拉松、賽跑、皮划艇以及帆船等賽場上。

與此同時，這是與一九六四年東京奧運會選手活躍的身影相映襯的日本技術向世界嶄露頭角的一刻。對於精工愛普生來說，計時裝置的研發成功具有深層次的意義。石英天文鐘為石英錶鋪下前路，而「printingtimer」更是為愛普生印表機的問世埋下了精彩伏筆。這是精工愛普生業務多元化的原點。

借助奧運的契機，一個偶然的產物造就了精工愛普生這樣一家世界級的公司。

富士膠捲創立於一九三四年一月。和其他的許多公司一樣，富士沒有直接的記錄表明一九六四年的富士某個事件是借了奧運的機緣。但是，也和其他的許多公司一樣，奧運在公司一貫的發展道路上發揮了重要的推動作用。時值日本經濟的高速成長期，富士膠捲是眾多借奧運來擴大自身影響力的公司中典型的一家。而當時的明星產品是照片的感光材料。自從一九三七年以來，日本政府就對外國輸入品有著嚴格的控制，但從一九六〇年開始逐步取消照片感光材料的進口限制。但是技術尚不成熟的彩色產品則仍然受到政策保護而免受國際競爭對手的直接挑戰。

因此，在奧運會期間東京日比谷繁華的街道兩旁二十五平方米的巨型奧運照片速報，使用的正是富士彩色列印的技術。而在新聞媒體的奧運報導中，也活躍著富士產品的身影。富士針對奧運特別研製了能夠進行快速現場處理的「快速工業用紙」（quickindustrialpaper），這為照片的快速登報提供了大大的便利。而在東京西麻布——富士計畫建設大本營的地方，公司向國外新聞工作者備好了照片處理的場所與設備。此外，錄影帶等產品也在記錄與報導奧運的過程中發揮了不同程度的重要作用。

在整個大賽期間，富士膠捲一路暢銷。公司在國立競技場甚至便當販賣店的一角都設立了膠捲專賣櫃檯。據說當時的盛況達到了顧客無法擠進店內的地步。

經過奧運一役，富士膠捲開始有了讓彩色產品走向自由競爭的底氣。東京奧運會對於富士自身來說是一次以戰當練的機會。在這當中，不僅使得剛剛實現貿易自由化的黑白系列產品得到了在國際市場證明自身實力的機會，更重要的是，富士在彩色系列產品上下的功夫，使公司登上了幾乎能與柯達平起平坐的擂臺。

這是一腳邁向廣闊天地的步伐。從此之後，富士不再是死守國內市場的井底之蛙，而是積極主動地走向全球市場，受惠於此，在彩色產品研究開發的基礎上，富士開始多角度地推進業務，企業體質也隨之增強。

對日本來說，像精工和富士這樣的企業不像Sony、松下、豐田、本田那樣的名聲大噪，更不像三井、三菱、富士財團那樣富可敵國，但這些公司也在世界市場上跑馬圈地，憑藉對一種技術的突破製造出看似微小、實則偉大的產品。我樂於探尋它們的成長歷程，因為對於中國弱小的技術型小公司可能更有借鑒意義。

Sharp的誕生與革命

計算器已經是我們生活中最常見的工具之一了，誰也不會覺得它是一個多麼偉大的東西，買魚、買肉、報銷、算帳，大家對這個工具已經司空見慣了。

可誰知道，這個小小的東西對社會有著強大的顛覆力量，它大大縮小了計算所需要的時間，也讓生產計算器的公司獲得了無數財富。電子化熱潮不僅改變了人們既有的工具，更重要的是，電子化成為人們生活方式本身。

佐佐木正治在很長時間裡都在思考著計算器的未來。他比很多人都更早看到了二十世紀後半葉一定是電子工業的圖景，他希望自己能造出便宜的計算器，讓這個小東西人手一個。但在二十世紀六〇年代，讓佐佐木正治困惑的是，究竟什麼東西能讓計算器隨身攜帶，不用插入電源插座，也能運轉起來？

佐佐木正治為了找到答案探尋了很久，最後，他終於找到了秘方：他需要一個新型的矽片，這樣，計算器只靠電池就能運轉下去了。

這是個大膽的想法。佐佐木正治幾乎問遍了日本國內的矽片製造商，但所有人都拒絕了他。無奈之下，他決定去美國尋找援助。

在德克薩斯州，這個被稱為矽谷的地方，佐佐木正治還是吃了閉門羹。未來在哪裡？矽片在哪裡？

無奈之下，佐佐木正治準備啟程回國。當他萬分失望地在機場徘徊的時候，廣播裡突然傳出聲音：「佐佐木先生，請您到服務台來，有家公司的代表在這裡等您。」

佐佐木正治的眼睛亮了，他在心裡想，命運是否改變了呢？

佐佐木正治是位技術天才。他生於日本西海岸的一個小漁村。父親是軍人，當年曾經在日治時代的臺灣駐紮，而佐佐木正治就出生在臺灣。

在日本京東大學學習了電氣工程專業之後，佐佐木正治本來打算去公司裡做個工程師，可沒想到，戰爭的陰霾籠罩了每一個人，他被調到飛機製造廠，研究電話、無線電和雷達。

事實上，這些研究也為佐佐木日後的創業提供了新的思路，他對管子（真空管、電晶體）的無限熱情也是在那個時候種下的。

日本戰敗之後，美國佔領軍開始重塑日本，他們發現一個問題：日本的電話聽筒聲音很小，原因是電話擴音器中的真空管品質很差，無法滿足長話的需求。佔領軍決定派佐佐木正治去美國免費學習擴音器中的真空管技術，改進日本的電話品質。

這對佐佐木正治來說，簡直是天賜良機。要知道，作為一個戰敗國，能去自己老大那裡學技術，簡直就是有如神助，況且，佐佐木正治學習的地方正是著名的貝爾實驗室。

當時，貝爾實驗室的科學家們正在研製一種新的管子，用以替代真空管，且效果更強大，那就是電晶體。一九五一年，貝爾實驗室公佈了電晶體研究成果，當時美國科學家舉著只有煙頭大小的電晶體告訴佐佐木正治，這玩意兒雖然小，但能量強大，唯一的問題是成本很高，日本可能造不了。

佐佐木正治羨慕嫉妒恨，他決定生產自己的電晶體。

回國之後，佐佐木正治加入了神戶工業，開始研究電晶體，但一直沒有大的突破，這東西依然以昂貴的成本著稱，很難得到市場認可。

要說時勢造英雄還真是不假，正當佐佐木正治的研究一籌莫展的時候，美國一家叫 RCA 的公司決定把降低電晶體生產成本的秘訣轉讓給神戶電器。為此，神戶電器支付了一筆高昂的技術轉讓費。但佐佐木正治認為這筆錢花得很值。可問題是，神戶電器的人以為這個技術是排他性的，結果，很快，他們發現，Sony、松下也都掌握了這項技術，於是，由電晶體引發的市場競爭就不可避免了。

說起來，當時神戶電器在市場上還是相當受歡迎的，豐田汽車用的電子系統都是神戶電器提供的。可問題是，這家老牌公司的管理越來越混亂，加上松下電器跟豐田的關係在三井的聯繫下非常密切，慢慢地豐田的業務也被松下搶走了。

在這個時候，富士通公司看中了神戶電器，並最終與它合併。

此時的佐佐木正治有了個新工作，那就是進入京都大學做教授，主要傳授物理學方面的知識。可是沒過多久，佐佐木正治就發現，自己並不適合做學術，他認為，科學家應該到公司去，製造偉大的產品，而不應該窩在象牙塔裡紙上談兵。

偏巧這時候，有一家叫早川電器的公司看上了佐佐木正治，邀請他出山，做公司的總工程師。但佐佐木正治有些猶豫，因為當時早川公司業績並不好，坊間傳聞，這家公司有可能被日立收購，去，還是不去，這還真是個問題。

那麼，這個早川公司到底是幹什麼的呢？其實這家公司歷史非常悠久，誕生於一九一二年，創始人叫早川德次。他最偉大的發明也是個小東西，但卻改變了世界，那就是——自動鉛筆。

早川公司在二戰過程中變成一家軍用公司，主要生產雷達。二戰結束後企業相關負責人非常痛苦，因為不知道自己到底賣什麼好。

所以，進入早川公司之後的佐佐木正治，第一個工作就是告訴員工，我們以後造什麼、賣什麼。佐佐木正治給大家的答案是：微波爐。

為什麼是微波爐呢？因為在加入早川公司之前，曾經有一家美國公司邀請佐佐木正治參與研發磁控管，而這玩意兒主要就是為了生產微波爐。可惜這家美國公司後來改行做了軍用設備公司，給在朝鮮打仗的美國人提供設備。但磁控管技術卻被佐佐木正治掌握了。

他向早川公司提議，既然美國人沒興趣研究微波爐，那麼，早川公司應該出手。

在佐佐木正治的率領下，早川公司的研發團隊開始了微波爐的開發工作，終於，在一九六一年，日本第一台微波爐誕生了。沒想到，這東西一誕生，立刻獲得了世人的認可，訂單量大增，這也讓早川公司擺脫了財務危機，重振雄風。

業務有了改善的早川公司開始思考如何讓電子消費品獲取更大的利潤。當時，這個市場存在的問題是，產品季節性很強，一到耶誕節，銷量猛增，平時則乏善可陳。

於是，有領導提出，早川公司應該裁員，以縮減成本應對電子消費品的季節性。

而佐佐木正治舉雙手反對，他認為，公司的目標就是造出偉大的產品，這樣人家自然會購買，如果產品很完美，不管是不是耶誕節，都會有無數人追捧。

問題是，這樣的產品是什麼呢？佐佐木正治給出了新的答案，那就是計算器。顯而易見，這玩意兒的銷量根本與季節性無關，什麼時候都需要。換句話說，佐佐木正治的目標就是，造出一種電子產品，使它成為生活必需品而不是奢侈品。

隨身計算器

那麼，佐佐木正治是怎麼想到生產計算器的呢？因為他很早就接觸到了這個革命性的產品。二十世紀六〇年代，英國一家沒人聽說過的小公司製造了一台計算器，將其命名為「阿米塔8號」，銷量出奇的好，特別是日本人對這個產品愛不釋手。

而神戶電器正是這家公司的微型管製造商，所以，佐佐木正治很早就開始關注電子計算器了。

當然，他絕對不是第一個關注計算器的人，也不是最後一個。早在一九五七年，一個叫尾柏忠雄的人創立了卡西歐電腦公司，後來這家公司發明了一個特大計算器，寬一公尺，高七十公分，價格約合一千三百美元。

後來，Canon公司又改進了這款產品，消除了雜音，還把自己的計算器產品推向了市場。那為什麼Canon要研究計算器呢？因為Canon做相機的時候需要靠譜的計算器來計算成本，為了節約成本，Canon也在計算器領域大展拳腳。

一九六四年，Sony公司一位優秀的工程師設計了一款電晶體計算器，大大縮小了計算器的體積。可惜井深大對這個產品不是很感興趣，他認為，Sony公司應該造大家都會用的東西，計算器太冷門了，需求量不會很大。幾年之後，看到市場情況的他無比失望地說：「當年，我真的錯了！」

幾乎與此同時，早川公司在Sony研發的計算器的基礎上生產了自己所需要的產品。這是他們推出的第一台計算器，名為「SharpCompet」。這個東西跟現在的計算器比起來依然是龐然大物，重達二十五公斤，價格合一千四百美元，跟當時日本的小汽車價格差不多。

沒想到的是，這麼個大玩意兒居然銷量很好，卡西歐計算器在競爭當中被遠遠地甩在了後邊。但佐佐木正治依然不滿足，何況，當時Canon公司又研發出了更輕便的計算器。經過研究，佐佐木正治認為，他必須找到合適的矽片，把所有的電晶體都根植進去，這樣才能讓計算器變得更加輕薄。

於是，才有了前頭佐佐木正治去美國的求援。

最後，給佐佐木正治幫助的是美國自動控制公司。這家公司的工程師相信，他們能把計算器所需要的所有部件都裝在四塊矽片上。

當佐佐木正治拿到自動控制公司送來的矽片時，徹底震驚了。他覺得自己的時代就要來臨了！可惜，其他廠商一聽說自動控制公司造出這麼厲害的矽片，立刻紛紛要求訂貨。而美國人覺得正好可以趁著日本人競爭，大撈一筆。

佐佐木正治很憤怒，他果斷地結束了跟自動控制公司的合作。而且，自動控制公司也沒落得好下場。很快，日本政府告誡電子公司們，不要拿著外匯去買那麼多東西，矽片這玩意兒，你們可以自己研發。

好吧，既然政府都這麼說了，那就自己來吧。一九七〇年九月的某一天，佐佐木正治成為早川公司的總經理，同一天，這家公司改名為 Sharp。

第二年，在佐佐木正治的推動下，Sharp 半導體工廠建成，其目標就是造出適合計算器的矽片。但是，在工廠剛剛開始運轉的幾年裡，業績出奇的差，很多公司領導對佐佐木正治很不滿，認為他把大筆錢投到了沒有價值的地方。有段時間，佐佐木正治幾乎要辭職回家了。

但還是有人頗具慧眼，比如 Motorola 公司就看中了 Sharp 半導體工廠，還打算出資收購。起初，佐佐木正治不同意，但董事會成員紛紛表示應該把資產賣掉。佐佐木正治無奈之下只得勉強同意，帶著 Motorola 的人視察工廠，等到馬上要簽合同了，董事會突然發現，工廠生產的矽片突然銷量大增，業績飛漲，開始盈利了。於是，董事會成員們換了一副面孔，要求佐佐木正治停止出售計畫。

Sharp 製造的矽片徹底改變了計算器，它讓原本需要三千個零部件的計算器變成了只需要矽片、顯示幕和電池三個零部件的產品，而計算器的價格也降到了十分之一。佐佐木正治和 Sharp 公司讓計算器真的變成了「隨身算」。

我們不是模仿者

日本人開發計算器的歷史充分說明了這個國家的創造性，就像盛田昭夫說過的那樣：「長久以來，日本人被認為是模仿者而不是創造者，認為日本的工業在過去四十年裡取得的成就沒有任何創造性。我覺得這是愚蠢透頂的。」

的確如此，如果說，發明一件東西是偉大，那麼你能說，讓這件東西變得人手一個的技術和努力就不夠偉大嗎？

就好比，發明電腦的人是偉大的，而讓電腦變得美輪美奐的蘋果公司更是偉大的。

讓手錶變得路人皆戴

接下來講述的故事，也是關於日本人對一個小東西的改進，這個小東西，叫手錶。

日本精工公司的大樓坐落在Sony大樓的對面，相比之下，精工似乎低調得多。它沒有華美的裝飾，甚至有些老舊，名字也充滿著文藝氣息，名曰「和光樓」。在二十世紀六〇年代，精工公司成為日本首屈一指的機械表製造商，同時，也是著名的半導體矽片生產者。

為什麼會這樣？同一家公司卻生產著傳統和現代科技共存的產品，它是如何平衡這一切的？

前面我們說過，日本人有造物的基因，他們自古以來就熱衷於研究機械產品，並且頗為癡迷。

一八七三年一月一日，日本開始了西曆紀年法和西式計時體系，日本的鐘錶行業由此起源。

八年之後，一個叫鳥取金太郎的年輕人開辦了自己的鐘錶店，取名為「和光社」。

十年之後，鳥取金太郎開辦工廠，製造鐘錶，並將公司定名為「精工」。這是一個很有意味的名字，「精工」代表著日本人對精細化工藝的追求，而「精工」的日文發音和「成功」相同。

當時，「精工錶」還是物美價廉的代名詞，一位英國人曾經慨歎，就東方市場而言，沒有哪個國家能同日本鐘錶競爭。

但在國際範圍內，精工錶依舊是小弟，它比不上瑞士錶的精湛工藝，也比不上美國錶的科技含量，但它價格便宜、好用、品質高，也被賣到了海外。直到一九五二年，鐘錶行業發生了劇變。一家美國公司把電池放進了錶裡，電子錶由此誕生。一九六〇年，起源於瑞士的布羅瓦公司宣佈自己研發出了精準的電子錶。

這項偉大的研究推動鐘錶從機械化走向了電子化。精工的工程師中村恒也關注到了這項技術革新，他向布羅瓦公司釋出善意，希望能獲得他們的技術。而布羅瓦公司卻設置了層層壁壘，防止外人進入電子錶領域。中村恒也是個野心家，他使用了很多手段打敗對手。而他最大的武器就是——發現敵人弱點，並且摧毀之。

當時，布羅瓦公司的電子錶還真有個缺陷，那就是把錶放在桌子上它會走得很準，但要是動起來的話，錶就會慢慢不準確。中村恒也認為，這是一個技術缺陷，如果改進了，精工就會獲得成功，而且是巨大的成功。

之後，中村恒也帶領著十幾位工程師尋找問題的答案，他們幾乎翻遍了所有關於鐘錶製造的文獻，終於在四年後，找到了打開財富大門的鑰匙。

早在一九二二年，一個美國工程師就發現，如果把石英晶體和電池連接在一起的話，表就會非常穩定地運行。

但這個發現只是學術上的突破，並沒有應用於鐘錶製造。中村恒發現這個奧秘之後，非常興奮，他覺得自己大展拳腳的時代來臨了。

就像我們在前面所說的那樣，一九六四年東京奧運會大大推動了精工公司的研發進程。中村恒也創世紀般地把石英融入奧運會計時器當中，這個計時器首次讓世界紀錄精確到了百分之一秒。

奧運會上獲得的認可，讓精工的工程師們相信，石英錶一定會取得成功。

一九六九年，精工公司製造的愛思聰問世了，它成為這個世界上第一塊石英錶。令世界震撼的是，這塊錶一年內的誤差不超過一分鐘。

不過，就像所有後來變得輕巧的產品一樣，愛思聰在那個時候還只是個概念產品，由兩百多個零件構成，價格跟一輛小汽車差不多。當然，今天也有很多名錶的價格比小汽車甚至東京房價還高，但問題是，精工的目標是製造出實用、便宜、所有人都能買得起的錶，而不是製造那些只有有錢人才戴得起的奢侈品。

不過，當時的愛思聰還真是個奢侈品，銷量不是一般的差。但中村恒也一點都不吃驚和沮喪，因為他知道，概念產品的意義就在於新技術的應用，後來人手一個的很多電子產品都是從概念開始的。

他開始率領手底下年輕的工程師們想辦法節約成本，同時還要大大提升石英表的節能水準。工程師們想到了積體電路，因為這玩意兒不僅價格便宜，還能大量生產，絕對可以縮減成本。

為了實現這個目標，工程師們又開始四處搜羅文獻，尋找最新的技術突破。最後，中村恒也有了驚人的發現：有一個叫 c-mos 的新技術可以生產出低耗能的積體電路。不過，這還只是個技術，並沒有被大量應用於生產。

之所以這個技術沒有被推廣，是因為它需要找到一種叫做 c-mos 的矽片。精工的工程師們對這項研究非常癡迷，在這兒得說句題外話。關注這個技術的並不是精工總部，而是精工設立在須羽的須羽精工公司。

這家公司設立於一九五九年，主要任務是研發精密儀器，直接接受中村恒也的領導。後來，這家公司和鳥取商業帝國的另一家公司愛普生合併，人稱「精工愛普生」。

和當年的佐佐木正治一樣，中村恒也也開始了艱難的尋找矽片之旅。他幾乎問遍了日本國內所有矽片製造商，但得到的回答都是：「這個東西工藝太複雜了，我們造不出來。」

沒人願意做，怎麼辦呢？中村恒也決定還是自己動手。他決定依靠精工來開發矽片。這是個大膽的設想，因為在公司裡連一個半導體專家都沒有，人都說巧婦難為無米之炊，問題是，精工既沒有巧婦，也沒有大米，卻想做出一桌好飯，談何容易。

日本有句諺語，「盲人不怕蛇」，如果翻譯成中文就是「初生之犢不畏虎」。反正一無所有，就豁出去了吧。

幸運的是，公司的高層鳥取家人非常支援中村恒也的決定，於是他們撥出鉅資購入設備，聘請工程師，生龍活虎地開始了研發。

在這個漫長的研發過程中，須羽精工不斷派遣自己的工程師去其他大公司進行研修、學習，還讓年輕的工程師去美國研讀物理學，以備後用。在很多人看來，這種大筆投資很難在短期內奏效，而須羽精工則認為，對人的投資比一切投資都重要。

一年之後，須羽精工的工程師們學成歸來，開始把研發矽片提上議事日程。中村恒也做了一個計畫，他認為，要想完成矽片的開發，需要花費六年時間，耗資達一千萬美元。不過，要說機遇還真是留給有準備的人，事情在剛剛開始之後，就有了巨大的轉機。

當時有一位瑞士半導體物理學家在一個偶然的機會來到日本，他聽說日本人對電子錶非常感興趣，就去拜訪了鳥取金太郎的三兒子鳥取商事。當鳥取商事聽說這個瑞士人掌握著矽片技術，並且要求七千五百美元的技術轉讓費的時候，他的眼睛閃現出了興奮的光芒。

矽片的問題終於解決了，以一種不可思議的方式。這比當時預計的開發時間整整早了五年。在這段時間裡，精工申請的專利有好幾百件，但日本人非常大公無私，他們並沒有把持著技術不分享給別人，而是鼓勵其他公司購買自己的專利。

到了二十世紀七〇年代初期，精工製造的矽片開始銷售給日本很多製錶商，獲得了行業的一致認可。在那之後，成千上萬的廉價、精準的手錶流向了全世界，而精工也將瑞士家庭作坊式的製錶業摧殘得體無完膚。

而瑞士手錶商被遙遠的世界另一端的國度重重一擊之後，不得不選擇更加新穎的生產、銷售模式。他們摒棄了低端手錶市場，開始向著奢侈品邁進，這個過程還需要很長時間來完成。

第七章 用產品征服世界

新困境

到目前為止，我們看到了日本經濟騰飛對企業層面、人們生活的巨大改變。但從二十世紀六〇年代開始，日本人除了享受到經濟飛速發展帶來的益處之外，還遭遇了許多從前未曾有過的問題。

就像大騰飛之後必然潛伏著蕭條的基因一樣，一九六五年，日本的金融業還是遭遇了不小的震盪，這種震盪其實是有益處的，它暴露出日本飛速成長過程中必然存在的隱患。

事情的導火索是山一證券的倒閉。這是一家上市公司，但沒有人知道它確切的經營情況，直到一九六五年五月份，很多媒體報導說，這家公司因為經營困難，準備重組。公司股票一路下跌，一萬多名顧客跑到門口強烈要求停止與山一證券的各種協議。從後來統計的數字來看，短短的三天之內，這家公司遭遇「擠兌」的金額達到了七十億日元。

恐慌很快擴大到其他地區，有十幾家證券公司遭遇了同樣的「擠兌」風潮。大藏省政府開始行動，緊急聯絡了幾大銀行，開展了轟轟烈烈的救市運動。興業、富士和三菱銀行開始給遭遇「擠兌」的證券公司提供無擔保、無限制的貸款，力圖讓這些公司擺脫困境，穩定民心。

但民眾的恐慌並未停止，證券公司的股價繼續下跌。

一切危機的根源都來自於野心的膨脹。二十世紀六〇年代經濟飛速發展，股票飛速飆升，人們的貪欲也飛速壯大。股票的發展帶動了證券業的發展，據統計，二十世紀六〇年代前半段，日本證券從業人數增長了三倍以上，營業額也漲了五倍以上。而證券公司的增長模式是不健康的。

這種不健康在於，隨著證券公司之間競爭的日趨激烈，很多公司開始採取一種極為投機的方式來賺取利潤和市場份額。簡單說，這種方式就是，證券公司用顧客買來的股票做抵押，從信託資金公司借款用來擴大公司規模。顯然，這種模式是很不穩定的，一旦股票下跌，證券公司的經營就岌岌可危了。到一九六四年，日本債券公司的赤字達到了五百億日元以上；一九六五年，山一證券終於扛不住了，率先遭遇「擠兌」風潮。

日本金融界明白，要想緩解證券公司遇到的壓力，必須先提升股價。一九六五年，以興業銀行為首的十幾家商業銀行組成了日本共同證券，投入一千億日元收購股票，目的就是提升人們對股市的信心。

事後，雖然股市沒有「餓殍遍地」，但山一證券卻被迫倒閉。事情不僅如此。一九七〇年對日本來說，意義重大。讓人歡欣鼓舞的是，日本舉辦的萬國博覽會獲得巨大成功，其隱含的意義是，日本大眾消費的時代已經來臨，在博覽會上展覽的很多產品很快普及全世界。

日本人從這次萬國博覽會上收穫了濃濃的信心，他們相信自己的能力和未來。但也是在同一年，日本的環境問題浮出水面，人們為經濟的飛速增長付出了沉重的代價。

三月份，富士縣出現了大米被污染的現象，媒體和輿論一片譁然。七月，東京一所高中裡，四十多名正在上體育課的女孩突然覺得頭暈眼花、嘔吐不止，甚至有人暈倒在地。經調查，東京遭遇了光化學污染。輿論又一次譁然。八月，靜岡縣富士市居民狀告一家造紙公司，理由是他們的生活環境受到嚴重污染。

當然，這些事件不過是矛盾表面化後的產物，很多潛在的環境問題還沒有湧現出來。比如大阪機場的噪音問題、新幹線的噪音和振動問題以及生活改善之後，日本人家庭每日送出的大量垃圾等，都深刻地影響著日本的環境。

事實上，日本的環境問題早在工業飛速發展的二十世紀五六十年代就已經浮出水面，引起人們的重視了。在那個年代裡，所有日本人都會記得「水俁病事件」。「水俁病」是指在二十世紀五〇年代住在熊本縣一個海灣旁邊的一千多名老百姓，因為吃了被工廠污染的魚，集體死亡的事件。

事件發生之後，日本政府對出事工廠進行保護，極力封堵消息。但消息是封不住的，人民的憤怒也是無法抑制的。

自發組織的老百姓們跑到這家工廠門口示威遊行，但工廠並沒有表現出很好的態度，而是雇凶打人，還戳瞎了一位記者的眼睛。讓人欽佩的是，這位記者還是拍了照片，並且發到了媒體上。

一九六七年，受害者們提起訴訟，要求賠償。但政府相關負責人控制了最高法院，威脅受害者，極力隱瞞事實。而且最缺德的是，法院採取了持久戰的方法——反正老子給你拖著，看誰命長。

這個案件一直拖到了一九九四年，才裁決讓這家工廠賠償五十九名起訴者三百萬至五百萬不等的日元。而當年一起起訴的人裡，有十六位已經駕鶴西去了。

這時候，離事件的發生已經過去四十年了。

骨痛病跟水俁病也差不多，富士縣的人們吃了被污染的大米，導致骨骼變脆弱，引發劇痛。這起案件也拖了很長時間才落下帷幕。

當然，環境污染問題不僅僅存在於日本，還在其他發達國家興風作浪。二戰之後，歐洲和美國都經歷了都市化發展、技術革新帶來的負面作用，而且人口增加也給環境帶來了沉重的壓力。

日本在二十世紀六〇年代末期，先後頒佈了幾個振興工業的法案，其中最重要的一條政策就是大力發展新產業城市，在太平洋沿岸興建重化工企業，而這些法案都漠視了工業對環境可能造成的惡性影響。

我們來看一組資料，如果按平均土地來算的話，日本在一九七〇年的 GDP（國內生產總值）是德國的 1.7 倍，是美國的 11.3 倍；而日本的能源消耗量是德國的 1.5 倍，美國的 7.4 倍。

這幾乎是一個看起來很難解決的問題，莫非高速增長就必須和高度消耗捆綁在一起嗎？

惡劣的環境很快引起了日本人的不滿，他們紛紛在媒體中痛斥政府的不作為，還大聲疾呼：「讓 GDP 去死吧！」

面對輿論的攻擊，政府開始著手解決這個問題。從一九七〇年開始，日本設立了中央公害對策總部，起草、修改有關環境公害的各項法案。到這一年的年底，公害問題基本上都有了法律制裁的依據，而國家也每年撥鉅款用於防治公害的各種項目。

但也有專家指出，日本的法律還相當原始，並沒有讓人們特別滿意，比如法律規定禁止使用的化學物質非常有限，很多明顯對人體有害的東西還在被使用，一直到二十世紀九〇年代，日本關於公害的法律還在不斷健全當中。

那麼，我們來總結一下。日本的商業和經濟的確是二戰之後全世界的奇蹟，人們也對這個國家的尖端科技保持著濃厚的興趣和敬意。不過，從日本的公害問題引申出去，你會發現，日本人在利用新技術方面，依然停留在製造業，他們的工程師就像修剪草坪的工人，把對日本沒有用的技術毫不留情地剪切掉了。

而西方社會則不同，二十世紀六〇年代也是它們科技大發展的時代，而這些技術並沒有被急功近利地用於某些行業，而是廣泛存在於生活之中，除了製造業，西方社會的教育、醫療、基礎設施建設等方面，都受惠於新科技的發展。而日本，除了製造業，其他方面依然乏善可陳。

當然，傾向於工業發展為先的道路，對日本來說似乎也無可厚非，在那麼一個資源匱乏的國度，如果不把有限的資源和智慧用在重要的事情上，那還談什麼將來呢？讓人欣慰的是，在走過了漫長的彎路之後，日本今天的環保科技水準、防治公害能力已經有目共睹了。

緩慢的調整

如果說，二十世紀六〇年代是日本經濟狂飆的年代，那麼二十世紀七〇年代，日本吸取了發展過程中一些失敗的教訓，進入了經濟的調整期。

而在戰略層面，日本企業最大的變化就是紛紛向海外發力，尋求國際化路徑。這幾乎是所有國家經濟發展的必經之路，但問題是，若想走向國際，就必須先打開大門，開放懷抱。

加入國際貨幣基金組織和《關稅貿易總協定》之後，日本的貿易保護政策也在逐漸放寬，進口限制政策也慢慢被廢棄。舉個例子，在一九六八年，日本小轎車的關稅高達40％，到了一九七一年，這個數字變成10％；一年後，這個數字居然變成了6.4%。日本企業意識到，貿易自由化時代已經來臨了，所有人都要參與到國際競爭當中去了。

以此相伴的是，日本貨幣開始實行升值並且實行浮動匯率制度。這個是跟日本的對外貿易收支差額的變化同步的。一九六八年，日本對外貿易差額是二十五億美元左右，到一九七一年，這個數字變成了七十億美元，實現了大幅度的貿易順差。專家說，日本在二十世紀七〇年代完成了從經常收支赤字、投資收支黑字向經常收支黑字、投資收支赤字相轉變了。

發達國家熱衷於海外投資，這一點從早期英國殖民就開始了。經常收支黑字，投資收支赤字的意思就是，日本企業在國內外都有盈利，同時還不斷擴大海外投資。

當然，貿易順差還造成了新問題，就是外匯太多了，不知道怎麼用。而當時日本實行的是固定匯率，而且匯率很低，這就造成了日元貶值，通貨膨脹接踵而來。

從國際形勢來看，日元升值也是必需的，最直接的原因就是尼克森衝擊。當時的美國總統尼克森在一九七一年八月曾經頒佈過新經濟政策，目的是為了解決「越戰」引發的美國失業、通貨膨脹、貿易赤字等問題。這個新經濟政策的核心是：放棄金本位，停止美元兌換黃金和徵收10%的進口附加稅，從而導致二戰後的「布列敦森林體系」[9]崩潰。

尼克森發佈這個決定的時候非常突然，全球經濟普遍受到震盪。西方國家股價普遍下跌，國際經濟、金融都受到了不同程度的影響，日本也是深受其害。

為什麼深受其害呢，很簡單，放棄金本位，美元肯定下跌，而日本外匯儲備相當高，這一大筆錢等於跟著縮水了。

這樣一來，日本出口型企業受到的打擊就越發嚴重了，再加上美國肆意提高關稅，更是讓日本的中小企業苦不堪言，走到了生死邊緣。

世界其他國家也無法忍受這種狀況，大家湊在一起召開十國財長會議，探討解決之道。經過漫長而艱苦的博弈，最後，各國一致認為，日本是美國最大的交易夥伴，日元必須升值，美元必須貶值，以此保證通貨市場的正常運行。除了日本以外，德國馬克也要升值，而美元對黃金的價格需要下降。最重要的是，美國必須停止貿易保護，廢除進口附加稅。

一九七一年十二月，日元從一美元兌換三百六十日元，上升為一美元兌換三百〇八日元。

穩定匯率在那個時候對穩定日元和日本國內經濟起到了很大的作用。因為德國馬克也升值了，這樣就讓日本人心理平衡多了，信心也開始慢慢恢復過來。

但這個政策並沒有維持多久，因為人們發現，貿易平衡問題還是沒有解決。日本、德國出口額繼續飆升，而美國的出口額則持續下降。這種不對等的貿易體系必然還會影響經濟的健康發展。

同時，日本企業的海外投資步伐也逐漸加快。特別是在東南亞，日本的很多企業已經起到了支配當地經濟的重要影響。

面對國際輿論的強大壓力，日本政府再次調整日元政策。一九七二年年底，日

---

9 是一九四四年七月至一九七三年間，世界上大部分國家加入以美元作為國際貨幣中心的貨幣體系。布列敦森林協定對各國就貨幣的兌換、國際收支的調節、國際儲備資產的構成等問題共同作出的安排所確定的規則、採取之措施及相應組織機構形式的總和。該協定源自一九四四年七月，四十四個國家的代表在美國新罕布希爾州「布列敦森林公園」召開聯合國和盟國貨幣金融會議，其會議稱為「布列敦森林會議」。但因為多次爆發美元危機與美國經濟危機、制度本身不可解決的矛盾性，布列敦森林體系於一九七三年宣告結束。

本宣佈降低關稅20%，擴大進口額，以此降低升值壓力，同時決定向公共事業投資一兆日元，刺激經濟發展，緩解增加進口可能給國內造成的壓力。

再造日本

在私有經濟的發展同時，日本向公共事業的投資也不容小覷。

一九七二年七月，田中角榮成為日本首相，對這位首相，許多中國人一定不陌生，他敲開了中國的大門，讓這兩個一衣帶水的近鄰之間的堅冰慢慢融化開來。但很多人不知道，田中角榮還是一位暢銷書作家。一九七二年六月有一本叫《日本列島改造論》的書在短短的幾個月內銷量突破一百萬冊，這本書的作者就是田中角榮，當時，他還是通產省大臣。一個月之後，田中角榮成為國家首相，開始實施他的列島改造計畫。

這本書的核心思想是什麼呢？前面我們說過，日本在追求工業化的過程中，四處修建工業園區，甚至剝奪了人們生活的場所，且對環境造成巨大污染。田中角榮痛斥這種行為，他認為，工業發展不應影響人們的生活，特別是東京這座城市，它的功能在於商業和政治，而不是工業基地。所以，田中角榮在書中提出，工廠的興建必須受到限制，而且要向下游城市轉移，不能坐落在人口密集的大都市附近。

當了首相之後，田中角榮開始貫徹自己的改造思想。他把這些政策概括為三點：重新佈局城市；興建二十五萬人口城市；建設新幹線，推動城市之間的流動。

具體落實的時候，目標是這樣的：在未來的五年間，政府總投資額達到九十兆日元用於城市改建；另外，預計到一九八五年完成新幹線七千公里的目標，建成高速公路一萬公里，等等。

這項計畫推行了一年多，就遭到了社會的譴責，因為在推行過程中地價飆升、通脹加劇。因為投資過熱必然推動地價上漲，很多企業紛紛把錢投向了房地產領域，金融機構也發放貸款推動地價。在田中角榮當上首相的一年後，日本城市土地價格相比一年前漲了三成以上，一時間，民怨沸騰、怨聲載道。另外，大規模建設、大規模投資拉動了很多物資的需求，但生產跟不上就必然推動了物資價格上漲，再加上當時世界經濟形勢錯綜複雜，日本又陷入了通貨膨脹的泥沼。

不過，那時候，田中角榮還在堅持自己的理想沒有放棄。但石油危機爆發後，所有的努力都化為了泡影。

從一九七二年到一九七六年，日本石油進口價格漲了四倍以上，對於一個缺乏資源而且高速發展的經濟體來說，這的確是不小的衝擊。很快，石油價格的增長影響到了很多產業，包括礦石、煤炭等領域都受到了不同程度的影響。而對日本來說，或者說對田中角榮來說，摧毀的正是他的列島改造計畫。

這很好理解，為了改造計畫，政府已經大幅提高了預算，而石油危機又推升了資源、工業品價格，政府哪有那麼多錢去投資呢？在野黨和媒體開始攻擊田中角榮，於是，在石油危機一年後，他辭去首相職務。

那麼，石油危機該如何克服呢？日本給出的答案和世界上其他發達國家一樣，那就是實行浮動匯率政策，抑制通貨膨脹。

為什麼呢？我們簡單解釋一下，固定匯率制度的缺點在於政府必須為了維持匯率而辛苦萬分地控制貨幣供給，一旦實行了浮動匯率，政府就可以根據市場價格波動或者通脹情況來調整貨幣供給。

所以，在一九七三年，日本正式實行浮動匯率政策，這項政策對日本擺脫石油危機、抑制通脹都起到了重要作用。

在日本很多經濟學家的著作中，都會無比悔恨地描寫二十世紀七〇年代發生的一切，他們認為，日本經歷了二十世紀六〇年代的飛速發展之後，各種體制矛盾開始暴露，造成了二十世紀七〇年代後半期的大蕭條。但客觀來說，日本經濟總體發展還是健康的，且經濟蕭條也不是日本一個國家的問題，當時整個世界都跟著一起哆嗦著，除了中國和朝鮮既無外債又無內債以外，誰都難逃厄運。

另外，我們還能看到，在危機重重的時候，日本商業依然在向前發展，就像每次經濟危機的時候，總有一些公司能逆勢而上一樣。

豐田汽車今天接受採訪的時候，還常常提及石油危機時的表現。那麼，為什麼豐田能逆勢而上呢？除去經營、技術、管理不談，我們來說一下豐田領袖的卓越眼光。

前面提過了，日本在經濟高速發展的時候，出現了嚴重的環境問題，這一點必然會影響到汽車行業。美國跟日本情況類似，也在控制汽車產業的發展。

美國在二十世紀六〇年代發起了「廢氣設限運動」。參議員穆斯基一馬當先，拿出提案——制定法規限制汽車廢氣的污染。

一九七〇年十二月，美國國會通過了「穆斯基法案」，規定了對汽車排量的限制。這些政策首先就會影響到汽車產業。當時法國的雷諾公司非常氣憤，決定停止對美國的汽車出口。而豐田汽車則採取了懷柔政策。當時豐田汽車的社長是豐田英二，他在公開場合說，美國的這個政策就是扯淡，但不遵守還不行。這時候，日本也開始效仿美國法律，限制汽車排量。偏巧此時，日本汽車產業協會讓豐田英二擔任會長，他毫不猶豫地答應下來了，目的就是增加自己跟政府博弈的籌碼。

當了會長，他立刻跟政府談判，準備阻止政府對汽車尾氣的限制，理由很簡單：汽車尾氣不是唯一的污染因素。這個理由是簡單，但也太簡單了。政府馬上回答說：就是說你也承認汽車尾氣造成污染了？那為了人類，就限制一下吧。

這頂帽子大了，如果不同意，那就是反人類了。但豐田英二不放棄：「你們拿出證據來吧！」政府人員很聰明：「我們沒有證據，但汽車尾氣污染環境，盡人皆知。」豐田英二：「我求求你了，限制尾氣排放會增加汽車價格的。」政府人員：「健康無價！」

豐田英二無語。一九七二年，日本政府提出了「廢氣排出限制方案」，要求汽車業界在一九七五年初步達到要求，然後逐漸提高標準。在法案當中，最難實現的是四氧化氮排出量，最初每行駛一公里限排2.18公噸，最終目標則是每行駛一公里限排0.25公噸。

按當時日本汽車業的能力來看，要達到這個目標，簡直就是天方夜譚。

一九七三年五月，日本政府環境廳召集了豐田、日產、五十鈴等九家小汽車製造廠商，開了一次「聽聞會」，目的是看看大家落實的怎麼樣。沒想到，會議上幾大汽車製造商愁眉苦臉，爭議不斷。

雙方爭吵了一天，到了晚上，豐田英二代表汽車產業發言，請求政府放寬完成標準的時間。政府答應考慮考慮。沒想到，很快，汽車產業內部開始分裂，有人叛變了。本田宗一郎和日產汽車宣佈，他們能按時完成政府規定的標準。

媒體開始炒作，他們齊聲譴責豐田汽車，發表文章說：「本田、馬自達都說可以辦到的事，作為業界領導者的豐田卻聲稱辦不到。」

豐田英二立刻反擊，他發表文章說：「像本田那種小公司就那麼一兩個車型，要實行新標準很容易；我們豐田家大、業大、攤子大，自然很難了。」馬自達則迅速轉變態度，不僅僅宣佈能達到標準，還跟豐田說：「我們造出一個回轉式引擎能有效解決廢氣問題，你們要不要？要多少我們都有。」有趣的是，很快通用汽車宣佈購入日產研發的新引擎，用來實現美國的新標準。

很快，豐田英二開始和日產談判，準備購入新引擎。偏巧此時，石油危機爆發，美國經濟岌岌可危，通用汽車受到很大影響，沒錢買引擎，單方面撕毀了合同。

本田宗一郎這時候也造出了一種複合渦流調速燃燒的 CYCC 引擎，在廢氣處理上效果很不錯。這讓豐田英二多少有些沮喪，但在無奈之下，也購入了本田的產品。

這時候，本田、馬自達這樣的小汽車品牌的技術優勢就展現了出來。它們轉身容易，也樂於技術革新，這恐怕是豐田這樣的巨擘難以企及的。

國際化的陣痛

二十世紀七〇年代，日本經濟在摸索和調整中前進，日本公司也在摸索中開闢著國際化的路徑。率先進入美國的 Sony，在一九七一年又做出了一個驚人的舉動——

選擇了一個美國人來管理公司。

即使在今天，日本公司在海外的機構也很少採用外國人當一把手，而是常常派遣日本人去世界各地管理公司，同時培養人才。後來日本還出現了一個詞，叫單身赴任，意思就是很多上班族背井離鄉，奔赴外國工作。

一九七一年六月，盛田昭夫的妹夫岩間和男來到紐約，成為Sony分公司的總裁。但盛田昭夫一直對自己這位親戚有些不滿。因為岩間和男這孩子雖然很聰明、頭腦靈活、熱愛技術，但在銷售和社交方面遠遠達不到盛田昭夫的要求。正好在這個時候，哥倫比亞廣播公司的哈威沙因跟盛田昭夫說，他打算跳槽。盛田昭夫大喜過望，他知道，這個美國管理人才正是自己所需要的，他思維敏銳，頗具美國式的進取精神，在他管理哥倫比亞廣播公司期間，公司業務量大幅上漲，成為美國幾大廣播公司中的翹楚。

加入Sony公司，並且擔任首席執行官之後，哈威沙因讓Sony在美國的業務在五年內翻了近三倍，銷售額從三億美元漲到七億美元。

從工作和賺錢來看，哈威沙因自然是稱職的，但很快，盛田昭夫就意識到，讓一個美國人俯首聽命還真不是件容易的事情，文化的衝突、思維的差異、性格的迥異，讓盛田昭夫和哈威沙因一度陷入僵持階段。如盛田昭夫這樣會表演的人在面對文化觀念的差異的時候，也難以一帆風順地經營公司了。

哈威沙因是一個標準的美國式管理者，性格異常直率，不會拐彎，看你不順眼張嘴就罵，他自己都說自己是頭剽悍的驢。這和日本人宣導的含蓄、委婉的東方處世方式形成了鮮明的對比。我在盛田昭夫的回憶錄裡發現了這樣一段話：「他（哈威沙因）的方法不是日本式的，而是以單純、強硬、直率和明確的邏輯性為基礎的，不給人留什麼餘地。」

但也如同盛田昭夫所說的那樣，Sony 公司不能沒有哈威沙因。比如他在擔任 Sony 美國公司總裁的時候發現，Sony 在聖地牙哥建立了一家顯像管工廠，這對 Sony 來說潛伏著巨大的風險，因為聖地牙哥的環保標準非常高，就算工廠建設成了，也很難開始生產。

於是，哈威沙因向盛田昭夫表示，必須停止工廠建設，或者提高 Sony 的環保水準。盛田昭夫婉言謝絕，他說，在聖地牙哥建工廠沒問題。

哈威沙因怒了，他大聲吼叫：「我瞭解你，你不過是喜歡聖地牙哥的高爾夫球場罷了！你沒有照顧到 Sony 集團的利益！」

盛田昭夫還真是喜歡那個高爾夫球場，但更重要的問題並不在於此。Sony 公司裡有些高層一直反對在美國開工廠，因為工廠建在韓國的話，人力成本低、離家近。但盛田昭夫認為，Sony 必須區別於其他公司，必須深入西方世界的腹地。而聖地牙哥坐落著惠普公司，這家公司當時是反工會的，也就是說，工人不會輕易提出漲工資這樣的要求，所以，盛田昭夫選擇了聖地牙哥。

盛田昭夫最後說服了這個剽悍的美國人。哈威沙因也同意管理這家工廠，但他提出一個新條件，那就是美國業務都必須直接向他彙報，而不是繞開他給日本高層打電話。

盛田昭夫同意了。

但後來，美國人和日本人之間的矛盾還是無休止地擴大化了。一九七五年，Sony 在美國新建了一家磁帶廠，投產之後，盛田昭夫要求哈威沙因投入五百萬美元做廣告宣傳。美國人堅決反對，他說，根本看不出來市場上需要那麼多錄音帶，何必瞎花錢。

拉鋸戰又開始了。每天早上盛田昭夫都要給哈威沙因打電話，常常大罵他鼠目寸光，哈威沙因在扛了一個月之後，勉強答應了。

表面雖然平靜了，但性格、文化的差異依然存在著，並且等待著新的爆發點。

一九七五年，Sony 著名的一款產品 Betamax 進入美國市場。這是一款經典的錄像機，因為輕便、好看享譽世界。但價格也「很好看」，售價達兩千多美元。哈威沙因跟盛田昭夫說，價格太貴了，賣不出去。

盛田昭夫說：「我們 Sony 要為行業制定標準，高價格就是新標準。」哈威沙因不以為然。

很快，盛田昭夫遇到了困境：錄影機在宣傳過程中被環球公司和迪士尼公司起訴版權問題。起初，盛田昭夫也沒太在意，因為 Sony 跟這兩家公司都有業務往來，日本人以為，既然大家都是合作夥伴，不會兵戎相見的，大不了坐下來談談嘛。

哈威沙因知道了大驚，他告訴盛田昭夫，在美國沒有起訴是能坐下來談談就搞定的，他指著盛田昭夫的鼻子說：「兄弟，你要知道什麼叫契約精神！」

盛田昭夫也惶恐了，他開始大量閱讀美國的法律檔，培養自己的契約精神，他開始像一個真正的美國人那樣思考和工作。兩年後，這場官司落下帷幕，Sony 勝訴了。

就這樣，盛田昭夫和哈威沙因關係很微妙，常常爭吵不休、常常幾欲動手，但他們都會在短期內意識到對方可能是正確的。

真正讓盛田昭夫和哈威沙因分道揚鑣的是和松下電器的錄影機爭奪戰。一九五七年，世界上第一台磁帶錄影機在美國問世，引起日本電子行業的集體關注。很多電子企業紛紛引入這台錄影機進行銷售，而盛田昭夫和井深大卻很不服氣，他們認為，西方人能造出來的東西，日本人一樣可以。

井深大在公司內部會議上是這樣說的：「現在模仿這台錄影機很容易，但抄襲不應該是 Sony 的任務，我們需要做的是讓 Sony 的技術水準達到發達國家公司一樣的標準，這才是最重要的。」

當時，日本廣播公司、芝電器、日本 JVC、日本電氣公司、東芝公司都在開發錄影機，而日本廣播公司、芝電器和日本電氣公司毫不猶豫地走向了模仿的道路，原樣照搬了西方錄影機的技術和樣式，沒做任何改進。

而 Sony、東芝和 JVC 則開闢了另一條通途。

Sony 在錄影機誕生之後不久，就造出了一款更棒的產品，它是用雙磁頭帶動的，速度更快，性能更好，當然，價格也更高，體積也更龐大。井深大不滿意，很快，工程師又設計出了新產品，體積是上一代的五十分之一，成為真正的可攜式錄影機。問題是，這款錄影機價格太貴了，高達幾百萬日元，一般人根本買不起。

井深大再次找設計師、工程師讓他們繼續優化。一九六九年，經過工程師們不懈的努力，Sony 終於製造出彩色錄影機，它的體積非常小，錄影帶只有 0.75 英寸，可播放九十分鐘，這在行業內已經是領先地位了。

井深大異常興奮，他斷言這款產品一定會改變世界。這款產品就是 Betamax。當時盛田昭夫和井深大對這款產品寄予厚望，他們希望日本、甚至世界都以這款產品作為行業標準來製造。但沒想到的是，JVC 也在錄影機研發方面取得了巨大進展，並且還獲得了松下電器的認可，和松下的電視機捆綁銷售。緊接著，Sharp、三菱等公司都採用了 JVC 的系統，JVC 和 Sony 分庭抗禮。

在美國，Sony 產品的銷量也沒有想得那麼美好，因為松下、JVC 的產品更耐用，使用時間能達到四個小時，遠遠超越了 Sony。

所以，坦率地說，Sony 在錄影機市場上實際是敗給了松下電器。盛田昭夫非常沮喪，同時，他和哈威沙因的關係也慢慢變冷。

哈威沙因在 Sony 錄影機失敗之後，大罵盛田昭夫無能，說他不懂美國市場，盲目行動，才導致了戰略失敗。

事後，哈威沙因還是挺後悔的，主動跟盛田昭夫道歉。但是，我們知道，盛田昭夫是一個會表演的日本人，他原諒了哈威沙因，還告訴他，以後不用幹活了，去當 Sony 美國公司的董事長吧。潛臺詞就是：拿點錢，別再管公司的事情了。

一九七八年，哈威沙因正式離開了 Sony 公司。

沒有一家公司的國際化路途是一帆風順的，在後來的歲月裡，Sony 還任用了一位美國人做自己的全球總裁，他叫霍華德・斯金格，那是 Sony 國際化的另一波高潮了。

二十世紀七〇年代的日本，就在財富與理想、危機和奮鬥中逝去了。後來的經濟學家說，二十世紀七〇年代，日本處於調整期，國家經濟從高速增長走向了平穩發展。而在我看來，這種平穩的發展蘊涵著更大的力量，企業家們克服了一個個困難，艱難前進。

盛田昭夫、豐田喜一郎、松下幸之助、本田宗一郎這四位企業家從事著當時最偉大的事業，但他們的起步都沒有那麼絢爛，他們就像幾百年前的家族領袖一樣，從田間地頭出發，從倉庫車間出發，從作坊荒地中出發，一步一個腳印地走向輝煌。

二十世紀，毫無疑問是電子工業和汽車工業的時代，西方人發明的偉大產品被日本人不斷改造成為賺錢利器。當今互聯網、手機等新興產業又一次勃興，在這個新時代裡，日本人是落後於時代的腳步，還是依舊取得了勝利呢？

我想，稻盛和夫給了我們一個答案。

當時間進入二十世紀八〇年代之後，日本迎來了戰後最為黑暗的年月。兩代人創造的財富瞬間消失，大公司不斷僵化，國家經濟黯淡如烏雲。但即使在那段時間裡，日本也不斷湧現出新的企業，在產品和管理模式上革新自己的前輩；而那些大公司一方面顯現出頹勢，另一方面也在不斷反思。

下部
對抗泡沫

第一章 危機重重的日本

美國人的小弟弟

當我再一次準備書寫日本的時候，希望能換一個視角。在此之前，我想像自己是天空中的飛鳥，穿越歷史的濃霧，飛越過豐臣秀吉征戰的大地、飛越過福澤諭吉攤開的書頁、飛越過豐田喜一郎絕望的眼神，也試圖越過戰爭、災難製造的龐大廢墟，看一看這片並不廣袤的土地上煥發的生機。

今天，當我停留在過去和現實的交界處，卻強烈地感到無所適從。因為越接近今天，越難書寫。所以，我必須換一個視角，儘量不是浮光掠影地審視這個國家商人們的命運。

二十世紀八〇年代，日本的經濟車輪遇到了阻礙。鐵幕在七〇年代中後期已經垂下，石油危機、尼克森風波紛至遝來，日本故步自封地發展模式開始遇到前所未有的挑戰，開放還是封閉、前進還是倒退，這些爭論喧囂塵上。而在這個危機四伏的年代裡，企業家的力量在不斷壯大，他們經過了二戰之後的清洗、經歷了六、七〇年代的飛速發展、經歷了全球化的猛烈撞擊，開始告別潛伏的生活，走到國家命運的前臺，發出振聾發聵的聲音。這些企業家們不斷遭遇挫折，也不斷自我救贖。

發生在一九七三年的石油危機，是對資本主義世界的一次猛烈打擊，西歐和美國或多或少都受到了衝擊，當時還依賴於美國保護的日本更是損失慘重。美國的工業生產下降了14％，日本的工業生產下降了20％以上，所有的工業化國家的經濟增長都明顯放慢。除了資料之外，當時日本經濟方面最大的表現是，物價飆升，一九七六年日本原油價格比一九七二年危機之前整整上漲了四倍以上。日本本來就是一個資源嚴重依賴海外的國家，石油價格的上漲帶動了很多資源價格走高，讓缺錢少糧的日本雪上加霜。比如一九七四年和一九七六年夏天，日本電費價格分別上漲了57％和23％，創二戰之後的新高。同時，由於能源價格看漲，其他消費類產品的價格也跟著水漲船高。

10 福澤諭吉（一八三五—一九〇一年）：日本近代著名啟蒙思想家、明治時期傑出教育家，被譽為「日本近代教育之父」。

但是從表象來看，當時日本的經濟依然展現了蒸蒸日上的活力，甚至成為日本人引以為傲的歲月，他們相信，強悍如美國的經濟體抵禦危機的能力也落後於蕞爾之國的日本。一九七三—一九七六年這幾年，日本GDP平均增長還保持在8％以上，而此前幾年這個數字基本上都是10％。

但是，推開了二十世紀八〇年代的大門，所有榮耀和苦悶都集中爆發出來，日本商業歷史上最戲劇性，也是對後世影響最大的一個十年來臨了。和飛黃騰達的二十世紀六七十年代一樣，這個十年或者說二十年，也一同被寫進了商業史的畫卷當中，只不過不是榮耀的筆觸，而是以警醒世人的口吻。

導火線是匯率問題。匯率一直是美國人強有力的武器，至少在他們一統天下的二十世紀八〇年代是這樣。日本在前二十年的飛速發展讓美國人有點坐立不安了，他們決定拿起自己的武器，狠狠敲擊日本一下。

二戰之後，美國人開始對自己奉行的民主理想深信不疑，同樣讓他們自豪的是美國強大的經濟制度，這個制度不僅推動了反法西斯戰爭的勝利，還讓世界貨幣都和美元掛鉤。但隨著西歐和日本的迅速崛起，一切都發生了變化。首先是金本位制度開始瓦解，換個角度來描述的話，也就是美國經濟也在走向衰退。一九七一年，美國宣佈放棄金本位制度，影響戰後世界經濟格局的布列敦森林體系也宣佈崩潰。

一九八〇年，雷根成為美國總統。這位出色的幽默大師信奉強大的美國對於整個世界意義非凡，他實施了一系列有效的措施，在「新自由主義」的思想引導下，通過減稅、控制貨幣供應量緩解通脹的壓力，而提高利率的緊縮政策必然導致美元的升值。這也暗合了雷根的需求，他早就喊出了「強大的美國需要強大的美元」的口號。

但問題是，當時美國經濟陷入低迷，企業在市場上遭遇日本公司的圍剿，生存困難；同時，美國負債累累，早就從二戰之後偉大的債權國淪落為純債務國。有人不無嘲諷地說，雷根的口號就是「詛咒經濟學」。

但是這個政策對那個時期的日本來說，是個利好消息。美元持續升值，讓日本那些物美價廉的產品不斷蜂擁入美國市場。

長久以來，日本政府對日元匯率的控制非常嚴格，一直和浮動匯率制度背道而馳，可以說，日本企業雖然在努力國際化，但日元還處在一個相對封閉的體系內，自娛自樂。

一九七一年，在美日貿易裡，美國破天荒地出現了貿易赤字，而日本的外匯儲備也是歷史性地達到了七十六億美元。這讓一向驕傲自大的美國人心靈受到重創，一個後來的強者讓前輩坐立不安。

事實上，經過六〇年代的高速增長，日本企業的綜合實力飛速增強，在世界商業地圖上已經成為一支不可小覷的力量。特別是日本當年推出的國民收入倍增計畫大大提高了中小企業的競爭能力，企業把增長的收入投資於固定資產，又使生產效率獲得大幅提升，商品價格不斷降低，而品質則穩步提升。這種優美的良性迴圈成為日本經濟起飛的有利因素。

有個資料是這樣統計的，在二十世紀六〇年代中期到二十世紀七〇年代的幾年裡，日本勞動生產率提升了60%，而同一時期，西方世界的勞動生產率下降了10%，不得不佩服日本人的遠見卓識。

但美國人感受到了巨大的威脅，進入七〇年代之後，美國多次指責日本製造了電視機、纖維的傾銷案，力圖控制日本出口的增長速度。日本只得接受美國人的責難，因為日本自己對進口也有一定的限制，比如限制農產品進口等。再加上，當時美國正準備歸還日本的沖繩島，日本在對老大哥感恩戴德之際，實在不願意撕破臉。

於是，後來者日本決定放低身段，暫時妥協，至少在表面上，日本人還是聽了美國的話，降低關稅，停止進口限制、撤銷非關稅壁壘等等。不過實際上，這些政策並沒有徹底實行。

但到了雷根時期，一切都發生了改變。

利益還是自由

在那場沒有硝煙的戰爭中，美國人不斷給日本施加壓力。一九八三年十月十六日，一個陰霾的早上，日本駐美國公使內海孚前來拜訪美國財政部。這位身材矮小的日本人坐在寬敞的美國財政部辦公室裡，誠惶誠恐。

沒想到的是，副部長 R.T. 麥克納瑪律抓住內海孚的手，聲淚俱下地說：「財政部是美國政府裡最孤立的部門，你不能放棄我們！」

內海孚激動地說不出話來，說實話，這是日本人在二戰之後第一次被美國人如此重視。當然，他也知道麥克納瑪律的話外之音。再過一個月，雷根總統要去日本訪問，在此之前，美國財政部希望日本能儘快打開匯率市場，走向開放。

麥克納瑪律向內海孚發出了美國財政部的最後通牒：日本政府應該放棄以前的保護政策，比如，外國投資者在日本的很多領域投資金額受限；還有，日本公司對美國企業的收購風生水起，各種收購訂單紛至遝來，可是美國人要想買日本公司卻困難重重。美國人的理由是，一個封閉的市場與一個開放的市場對決，這是極為不公平的。

麥克納瑪律幾乎是跪在地上對內海孚說：「求求你們了，這些東西不改變，日本不開放，財政部無法向總統先生交代！」

而麥克納瑪律的潛臺詞是，要解決這些問題的根本鑰匙是，讓日本匯率走向浮動，而不是被日本政府牢牢控制著。

這是一次突然的「攻擊」，雖然美國財政部副部長表現得謙卑、謹慎，甚至低三下四，但內海孚明白，一場無聲的戰爭已經打響，在美元走高的形勢下，美國極其希望日元能更加市場化，匯率能上升，讓美國的工商業受到保護，讓日本的製造業慢慢冷卻一些。

麥克納瑪律的最後通牒很快傳到了日本國內，大藏省財務官大場智滿彷彿被狠狠地掄了一棒子。從那天開始，大場智滿開始頻繁地和美國財政部交換書信，他時而語言溫和，循循善誘，時而措辭激烈，痛陳利害。

美國財政部則站在開放、自由的制高點上予以回復：

推動日元國際化，在短期內會造成日元貶值，但從長遠來看，日元還是會升值的。日元國際化會造成一定的影響，但從長期來看，符合日本的經濟利益。而讓日元堅挺的目前途徑，就是開放資本市場，不要封閉了。

就在雙方扯皮的時候，距離雷根總統去日本訪問的時間越來越近。與此同時，激烈的爭論還在繼續，而且範圍不斷擴大。日本外務大臣、通產省大臣紛紛登上美國領土，企圖在日美貿易方面獲得一些新的突破，安慰一下美國政府因為貿易失衡而痛苦的心。

可事實是，美國人根本不需要別人安慰，態度也越來越強硬，他們告訴日本，必須繼續開放市場，在木材、石油、電信等領域敞開胸懷，迎接美國人。緊接著，美國議會通過了要求日本「廢除農產品進口的一切非關稅壁壘」法案。

同時，日本大藏省又收到了美國財政部的信件，他們這次不再訴苦，而是冷峻地羅列了要求日本開放的各個專案，特別強調要求日本限時開放匯率。最後，美國財政部長裡甘親自寫道：「對日本要加以探討的詞語，我非常遺憾。」毫無疑問，美國人一遺憾，日本就肝顫。他們知道，不改變不行了。

十一月一日，距離雷根總統訪日還有八天的時間。在這一天，美日終於草率地達成了看似一致的意見。當時，內海孚告訴美國財政部，修正日元價格低，美元高價的現狀，希望美國能購入日本國債，以此保護日本人的利益。

美國財政部的回答是，不行，因為這麼做會違反《金融管理法》。但是，美國會採用別的方式介入購買日元，讓日元堅挺起來。

不管怎麼說，這個回答還是讓日本人比較滿意的。兩天後，美日財經政要又在舊金山聚會了一次，雙方同意籌備一個特別工作組，保證日本在打開市場之後日元不受大的衝擊。

所有的鋪墊工作都做好了，十一月九日，雷根如期而至。

當時的日本首相是著名的中曾根康弘，雷根總統見到中曾根康弘後，語重心長並且咄咄逼人地要求日本繼續開放市場、督促日元國際化。

而中曾根康弘也很老練，他不緊不慢地告訴雷根，美元升值、日元貶值是因為美國高利率政策引發的，美元發揮主觀能動性，放棄了和黃金掛鉤，然後又通過人為的方式實行緊縮政策，這必然影響美元價值走高，怪不得我們日本人啊。我們日本人生產了那麼物美價廉的產品，你們非要買，我們也沒轍。邏輯是這個邏輯，看似沒錯，但國家和國家之間的博弈從來不按照邏輯辦事。唯一的標準就是拳頭。

還沒等雷根說話，美國國務卿舒爾茨冷笑著回復了首相先生：「懂金融的人都知道，利率只是一種手段而已。日本越來越開放，在世界經濟的地位就會越來越強大，必須走向開放，才有前途。」

中曾根康弘腦中一片眩暈，他知道，自己無法抵擋美國人的壓力。在會談之後，日本終於表態：日本將推行金融資本市場自由化和日元國際化措施。同時，廢除之前規定的封閉政策，日元和日本經濟將走向世界。

但走向世界的美景似乎還有些遙遠，當時日本人看到這則新聞，第一個反應是：美國人的金融黑船來襲了！

大藏省官員們的反對意見也很強烈，他們普遍認為：日元要不要自由化跟美國人有什麼關係？老子自己的錢還不能自己決定了？

這個呼聲越來越強烈，弄得首相先生痛苦不堪，他深深憎恨自己的手下們，違背美國的意願日本能有好處嗎？

反對意見太激烈了，首相不得不出面，他緊急召開會議，要求大藏省大臣平息紛爭，順利推進日本的自由化。

接著，日本大藏省財務官大場智滿又召集自己的團隊開會，他準備給大家洗腦，在會上，他告訴眾臣：「日元的自由化不是在外部壓力下進行的，我們要自主推進。如果美國人沒提出這個要求，我們也要改革。最後，這個改革是漸進的，不會給日本經濟帶來大的衝擊，放心吧，各位！」

大場智滿這一次絕不是給屬下開空頭支票，經過仔細研究，他找到了和美國人抗衡的武器，他堅信，只要提出兩個理由，美國人也不會逼迫日本太緊。

一個是世界銀行的增資問題。世界銀行這個組織是在一九四五年二戰結束之後建立的，當時的目的是為了讓受戰爭災害嚴重的國家能迅速恢復。當然，要想接受世界銀行的貸款，必須要是國際貨幣基金組織的成員。剛剛成立的時候，世界銀行註冊資本是一百億美元，成員國必須申購股份。

二十世紀八〇年代，世界銀行成員國一致認為應該增資，日本非常積極，出資額已經躍居各成員國的第二位，可是美國人突然變得很吝嗇，遲遲沒有拿出增資方案來。大場智滿認為，這一點可以當做和美國博弈的工具。

另外一方面，日本人一針見血地指出，美國政府不斷擴大赤字，只能靠高利率來彌補，這使得日本資本瘋狂進入美國，造成了美元升值，從而影響了美國的對外貿易。換句話說，美元升值這事兒不能怪到日本人頭上，這是美國政府自作自受。所以，如果美國人願意調整自己的經濟政策，日本就會進一步推動日元自由化。

雖然日本一直抵制升值和貨幣自由化，但政府內部也有支持者，他們從貿易的角度剖析，日本出口額太高了，這樣不利於經濟的發展。細見卓就是其中之一，作為大藏省財務官，他很早就向首相提議，提高日元匯率，並且在預計時間內，將匯率穩定下來，因為日本出口額太大，遭遇國際社會的狙擊就會成為常態。另外，日元升值還會讓國民受益，雖說企業會受到一些影響，但日本經濟體本身很健康，已經可以不依靠出口來刺激經濟發展了。

除了財務官之外，還有一些人已經意識到日本開放金融市場的重要性。野村證券也利用媒體發表言論：日元升值會打擊一些小零售業和農業，但實際上，那些不堪一擊的企業也的確到了要整肅的時候了。

在內外各種壓力之下，「廣場協議」誕生了。協定內容這樣寫道：「一九八五年九月二十二日，美國、日本、聯邦德國、法國以及英國的財政部部長和中央銀行行長（簡稱G5）在紐約廣場飯店舉行會議，達成五國政府聯合干預外匯市場，誘導美元對主要貨幣的匯率有秩序地貶值，以解決美國巨額貿易赤字問題的協議。」因協定在廣場飯店簽署，故該協定又被稱為「廣場協定」。

「廣場協議」簽訂後，上述五國開始聯合干預外匯市場，在國際外匯市場大量拋售美元，繼而形成市場投資者的拋售狂潮，導致美元持續大幅度貶值。一九八五年九月，美元兌日元在一美元兌二百五十日元上下波動，在協定簽訂後不到三個月的時間裡，美元迅速下跌到一美元兌兩百日元左右，跌幅達25％。在這之後，以美國財政部部長貝克為代表的美國當局以及以弗日德・伯格斯藤（當時的美國國際經濟研究所所長）為代表的金融專家們不斷地對美元進行口頭干預，最低曾跌到一美元兌一百二十日元。在不到三年的時間裡，美元對日元貶值了50%，也就是說，日元對美元升值了一倍。

時至今日，日本學界仍對「廣場協議」充滿爭議，到底日元是尊重日本利益，還是在美國脅迫下走向了自由匯率制度？其實，這是一個偽命題。世界從來不是公平的，美國幾乎支配著這個世界所有的貿易往來，擁有資源優勢、貨幣能量、文化口徑，等等。

日本在朝鮮戰爭之後，國際影響力不斷擴大，但在世界貿易格局下，它依然是美國人的小弟。日本企業家身處膠著的境地，他們希望超越美國成為世界製造業的中心，帶領日本品牌席捲世界，但另一方面，美國並不允許日本迅速崛起，他們希望日本永遠是自己的追隨者。

日元升值之後最直接的結果就是日本物價上漲。但其實，從目前的數位來看，並沒有顯示出「廣場協定」重挫了日本經濟。甚至有人說，「廣場協議」的影響力被高估了。比如，一九八七年，日本出口額增長了3%，一九八八年增長了12%，一九八九年猛增到21.4%，即使是泡沫經濟崩潰的一九九〇年，日本的出口額繼續保持了7.6%的增長。但值得說明的是，「廣場協議」證明美國在世界經濟格局中依然有強大的影響力，而日本市場半推半就地不斷被撬開也未必是壞事。

甚至有媒體說，早在「廣場協議」之前，日本經濟已經出現失衡的狀況。出口額的飛速增長換來沉甸甸的美元，而日本市場封閉，進口額很低，這就造成了美元越來越多，越來越不值錢，日元則隨之升值。

所以，當時《經濟學人》雜誌曾經刊登了一篇文章，指出，「廣場協議」並非是美國對日本的狙擊，而是日本人自己的選擇。後來，日本藏相（財務部部長）竹下登也證實了這個說法。

而在「廣場協議」之後，日本政府為了對抗升值，又開始增加貨幣供應量這就造成了日本物價上漲，民間怨聲載道。從資料上看，日本央行的貼現率從一九八六年年初的5%持續下調到一九八七年年初的2.5%。與此同時，廣義貨幣供應的增長率從一九八五年年初的不到8%加速到一九八八年年初的12%，銀行信貸增長也出現了同樣的趨勢。

第二章 貨運大王浴火重生

一道魔咒

石油危機的影響絕對不是空穴來風，它像一個魔咒，改變了很多企業的命運。事情要從一九七二年的五月二十八日說起，這天的日本來島海峽水面平靜，陽光照射在海面上，反射的光影投進坪內壽夫的眼睛裡。不遠處是四艘油輪，它們體型巨大，每一艘都有十三萬噸重，有種遮天蔽日的氣勢。對坪內壽夫來說，這是他創業歷史上最重要的時刻也成為坪內壽夫生命中最蒼白、恐懼、絕望的一刻。

時間退回到一九六二年，當時正是日本經濟飛速發展的時期，個人、組織和國家都被某種莫名的情緒所激發，人們相信股市不會跌、房價不會下降、收入的增長不會停滯，日本一定是高歌猛進，永不退縮的。

日本最大的海上物流公司照國海運也被急速發展刺激了神經，人們為紛至遝來的訂單忙得不亦樂乎，為了滿足客戶的需求，照國海運決定向來島船塢購買八艘巨大的油輪。

來島船塢的領軍人物就是坪內壽夫。當時照國海運是這樣跟坪內壽夫說的：「我們的油輪奔赴波斯灣，每一艘船拉回滿滿的石油就能大賺一筆，船越多，賺得越多。所以，還等什麼！快點給我們巨輪吧！」

第二年，第一次石油危機爆發了，隔年，照國海運的危機浮出水面。他們要求撤銷訂單。但來島船塢已經購買了製造四艘油輪的鋼材，如果取消訂單，前期投入都將打水漂。

來島船塢勉強接受了取消建造四艘油輪的事實，而另外四艘則必須完成，照國海運也只能購買。

但事實是，到了一九六五年，照國海運宣佈破產，四艘巨輪的後續事宜便就此擱置。

油輪屬於訂購產品，誰也不會在沒有買家的情況下自己造著玩兒。而當買家一旦消失，處理的方式就是降價出售。許多物流公司會抓住這個機會，壓低價格，趁火打劫。當時，的確有人提出以低價購買油輪。

坪內壽夫的回答是：拒絕。

於是，在接下來的幾年裡，四艘油輪就像四個巨大的怪獸一樣佇立在海面上。對坪內壽夫來說，這四艘巨輪也是四個魔鬼一樣的存在，他總是在思考，如何讓它們存在下去，並把損失減小到最少。

他思考出的辦法很簡單：公司員工停止加薪10%，用來維護四個巨獸。員工的抱怨自然如洪水般襲來，但更可怕的是，謠言也開始晃動來島船塢的根基。關於公司破產、倒閉，甚至連坪內壽夫準備攜款潛逃的傳聞也甚囂塵上。實際上，來島船塢的情況的確岌岌可危。這家公司全年營業額不到一千億日元，而四艘巨輪的不良存貨就達到了三百億日元，占營業額的三分之一。這對任何一家公司來說，都是場噩夢。

但難能可貴的是，在最艱難的時候，公司沒有一個人提出辭職，他們面對謠言和傳聞依然選擇了相信坪內壽夫。坪內壽夫決定向銀行融資，而他給出的擔保是：我沒有其他東西能做擔保，我的擔保就是我的員工，他們依然堅定地和我在一起共渡難關。

銀行居然答應了，他們也相信眼前這個身材矮小的中年人有某種強大的力量，帶領企業度過最困難的時期。

從一九六六年開始，情況有了轉機。兩家海灣的公司開始租用來島船塢的油輪，四艘巨獸終於動了起來。在之後的七年裡，這兩家公司頻繁使用四艘油輪，最終以四十億日元購買了他們。

坪內壽夫算了一筆賬之後發現，公司共虧損了一百六十多億日元。

但坪內壽夫又做了一件讓人驚訝的事情：他把欠員工漲薪的錢分期補發給員工，還以每年6％的利率補發利息給員工。

更要命的是，身陷困境的坪內壽夫還在努力幫助兄弟企業。東邦互助銀行跟坪內壽夫有著長期的合作關係，當照國海運破產的時候，這家銀行也受到牽連，分擔了照國海運三十億日元的虧損。法院要求東邦互助銀行發行債券以此抵債。

此時，坪內壽夫告訴法院，他願意收購三十億日元的債券。這個舉動幫助東邦互助銀行削減了債務，使其重新站立起來。

王者還是魔鬼

一九七五年，對坪內壽夫來說是個分水嶺，這一年他度過了危機和絕望，同時，他開始謀求變革，後人把這一年稱為來島船塢的「強化元年」。

坪內壽夫的名字，並沒有廣為人知，但在日本企業家心目中，他地位顯赫，與松下幸之助並稱為「經營雙雄」，他創辦了一百八十多家企業，覆蓋重工業、造船和冶金行業，是名副其實的「重建王者」。但另一方面，坪內壽夫的企業管理方式也廣受詬病，許多人叫他「吸血魔王」、「商界惡鬼」。他幾乎是日本商業界最具爭議的人物，菩薩心腸和吸血惡魔的特徵居然呈現在一個人的身上。

坪內壽夫身高不足一百七十釐米，體重有一百公斤。他曾經多次減肥，都以失敗告終，坪內壽夫的自嘲是：我能讓我的企業發生深刻變革，但真的沒有能力改變我的體重。不僅身矮體肥，更要命的是，坪內壽夫長得奇醜無比。他的一位傳記作家這樣描述自己的傳主：「太大了，他的頭太大了，無論怎樣都太大了，同樣大的，還有他的嘴和鼻子。」

在經營風格方面，坪內壽夫的確異常強悍，甚至專制。早年，他曾經營電影院，那時候，日本流氓橫行，他們不習慣看收費電影，堂而皇之地進入影院。坪內壽夫得知此事，暴怒，他帶著菜刀坐在電影院門口，誰要敢不買票就衝上去拚命。

這一點是其他電影院做不到的。

後來，日本一些媒體發表文章說，流氓之所以怕坪內壽夫，是因為坪內壽夫本身就是一個流氓頭子。文章旁邊還貼了他的巨幅照片，彪悍的容貌讓人望而生畏。

所以，日本社會對坪內壽夫的評價一直都處於矛盾的兩級——喜歡他的人恨不得都一輩子跟隨他；厭惡他的人就異常憎恨他，恨不得啖其肉喝其血。但坪內壽夫對此不以為然，他說自己從不去迎合別人，只做那些他該做的事情。

他是個大炮，總是毫不留情地批評人，指名道姓地直叱其非。一九七一年，坪內壽夫準備重整東邦互助銀行。他進入公司就破口大罵，斥責這家銀行的創業者獨裁、任人唯親、經營混亂。接著，這位大炮把公司高層全部開除，自認為董事，重塑銀行。

如果說，這家銀行的創業者是個獨裁者，那麼坪內壽夫也沒好到哪去。坪內壽夫曾辦過一份報紙，他想採訪愛媛縣政府，結果被拒絕。按理說，這是非常正常的，政府不是百貨商場，誰想來就來。但坪內壽夫居然起訴政府，說不接受媒體採訪是違法的，還要求一千萬日元的索賠。最後，坪內壽夫勝訴了。

坪內壽夫掌管的企業有一百八十多家，涉及各個領域，但他獲取公司的手段非常獨特——幫助那些陷入困境的企業，讓它們重新煥發生機。

從一九五三年到一九八四年的三十年間，坪內壽夫接管了十四家造船廠，而他都在短期內讓這些公司消滅了赤字。這是一個了不起的成就，因為在戰後的日本，造船業是個投資巨大但回報不高的行業，到了泡沫經濟時期，媒體更認為，日本的造船業是「結構性不景氣」的行業，而韓國的造船業飛速發展，也對日本產生了巨大壓力。

當然，坪內壽夫每次接手一個公司，都會大罵前任無能。當時日本有《公司更生法》專門規範了對一些瀕臨破產的公司如何整肅的手段。其中規定，瀕臨倒閉的企業如果被接手，可以免除70%—80%的債務。這對接手人來說當然是好事，可以節省大筆開支，但對於債權人來說，無疑是災難。

坪內壽夫從不在意這些，他介入一家公司之後，總是自掏腰包償還債務，甚至退休員工的退休金，他都照常支付。因為按時償還債務，坪內壽夫獲得了銀行的認可，也因為此，當他最困難的時候，銀行才會慷慨解囊。

即使如此，坪內壽夫還是不斷受到攻擊。他在整飭一家叫佐世保重工公司的時候，為了償還債權人金錢，被迫削減員工工資，新聞媒體聞風而動，開始撰寫大量文章，斥責坪內壽夫是個吸血鬼，隨意蹂躪員工的利益。「如果不還債權人的錢，就不會獲得融資，公司必然倒閉，那時候倒楣的難道不是員工嗎？」

但在媒體的攻擊聲中，坪內壽夫的聲音被淹沒了。這麼龐大的企業，要面臨各種複雜問題，各種變革的代價，各種利益的糾葛，站在高處的坪內壽夫必然成為眾矢之的。

坪內壽夫被稱為「重建之王」，他收購那些瀕於破滅的企業當然是依靠了強大的資本，但讓這些公司重新煥發生機，就不僅僅是錢的事了。

職場人士都有這樣的體驗，新主人不那麼容易得到員工的歡心，他們總會採用各種方式表達自己對新領導的不滿。再加上坪內壽夫臭名昭著、獨裁專制的聲譽人所共知，他遭到抵制和對抗就理所當然了。

老謀深算的坪內壽夫對待這些抵制早就見怪不怪了，他知道開除反抗的員工或者採用更極端的方式都於事無補，他唯一能做的能讓企業煥發生機的方式就是，拉攏那些老員工，用洗腦的方式讓他們接受自己的思想。

在一個荒無人煙的孤島上，所有剛剛加入坪內壽夫集團的員工都要在這裡進行魔鬼式的研修。男員工們站在烈日下，高聲背誦公司的訓詞，接下來進行自我反省，每一個人都要說明自己為何會引發一家企業走向沒落。

總之這個培訓模式極為變態，但這種模式的確能在短期內產生效果，自我反省的確能激發人對自我的重新認識，進而找到一家企業走向失敗的原因。職場中的人，習慣接受自己的優點、公司的缺憾，而很少去反省自己，坪內壽夫則激發了員工內心深處對自我的否定和再認識。

之後，坪內壽夫這種魔鬼培訓法開始廣為流傳，無論大家怎麼評價這個特立獨行的企業家，但這種培訓方式卻成為日本很多企業的學習對象。比如，日本國有鐵道公司就把自省式培訓引入他們企業內部，還召開了盛大的新聞發佈會，事後，《朝日新聞》寫道：「在這裡，沒有什麼精英，沒有什麼管理者，他們都是失敗者，依然懷揣夢想的失敗者。他們不斷反思自己的錯誤，期待做得更好，他們依然有成就偉大事業的可能性，而這種可能性是一個胖老頭帶給他們的。」

說實話，我非常喜歡坪內壽夫的故事，他甚至顛覆了我一直以來對管理持有的看法。很多年前，我讀過一本美國著名商業作家寫的書——《從優秀到卓越》，他說一家企業要實現從優秀到卓越的蛻變，必須關注細節，緩慢發展，持續改善。但從坪內壽夫的經歷中，我得到了嶄新的觀點。優秀的企業能實現卓越更多是因為它本身就已經很優秀了。而坪內壽夫的偉大之處在於，他能把一家奄奄一息的公司變成卓越的企業。

在這裡，我想起《追求卓越》這本書裡提到的一個案例，與大家分享。二十世紀七〇年代，松下電器公司收購了Motorola的電視業務，經過偉大的幸之助的整改，Motorola電視的虧損從兩千多萬美元銳減到三百多萬美元，消費者的不滿意率從70%降低到7%。

通過松下幸之助的偉大改善，Motorola電視也發生了質變。這本書講述的故事都是事實，沒有一個數字是虛構的。當時，日本松下電器派遣了最優秀的員工奔赴美國Motorola公司，經歷了九死一生的過程，耗費了巨大的成本才讓這家公司減少了虧損，後世不斷批評松下的行為：花費如此力量挽救Motorola到底有沒有必要。而在此之後，Motorola也並沒有為松下增加多少價值。

雖然在一九七五年，坪內壽夫帶領企業度過了最艱難的時候，但巨額的損失依然高懸在他頭頂上的達摩克利斯之劍，他決心徹底改革來島船塢，實現中興。

他邁出的第一步是，廢除總務部。總務部究竟是幹什麼的？部門領導回答，是幫助社長寫檔、做會議資料、寫發言稿的。「社長的發言稿要使用別人寫，還要我幹嗎？」坪內壽夫決定廢止這個奇葩部門。他堅持認為，檔、資料當然需要有條理，但設立一個龐大的部門做這件事情實在是太浪費了。人力資源部完全可以勝任，再不行，還有法務部。至於演講稿，「我演講從來不用稿子」。

坪內壽夫決定通過改革和徹底革新，讓來島成為日本第一大造船企業。來島船塢在出勤方面是個奇葩公司——職位越高的人，每天起床越早。早上七點，各部部長集中開會，制定一天的工作計畫，並且制定分步驟完成的規劃，二十分鐘後，下一級領導到位，部署一天的計畫，二十分鐘後，員工進入工廠，開始實施工作。

在實施工作之前，有一個兩分鐘的表態時間：所有員工揮舞拳頭，高喊，加油加油！接著，工作開始，車間內一片寂靜，只能聽見焊接發出的聲響。坪內壽夫說，這就是他提倡的貫徹完全勞動，提升勞動密度的舉措。

來島一個工廠的員工大約有兩千人，但管理部門只有不到一百人。來島每年的薪酬支出占銷售額的1%，而當時日本的這個平均數字是4%—5%。換句話說，單位員工創造的價值非常高。

坪內壽夫能做到這一點的關鍵，在於他一直堅信「少數精銳」和「多元化」的理念。這個理論落實的具體形態是，一人三用，也就是一個人負責三個職務，實現跨越式發展。比如有一位員工，名片上寫的是來島船塢業務部，但他實際負責的工作包括總務、人事、發工資和福利。所以，別人問他究竟負責什麼，大哥的回答是，負責全體員工的職責。除此以外，他還是某餐廳的經理，因為對於造船廠來說，觀光也是重要的一環。

雖然工作壓力大，但這種方式的確讓這位員工迅速成長，獨當一面。「我對各個部門都很瞭解，所以，在我面對客戶的時候，從來不會說，我要問問主管，或者諮詢相關部門，沒有比我更清楚公司業務的人了。」

而他在相關崗位工作三年之後，會繼續進入新的領域，不斷輪替。

來島船塢的掌門人坪內壽夫，其實沒有自己的公務車。他旗下有一個計程車公司，有三輛車從理論上屬於他的公務車，但這三個車的主要任務還是拉客當計程車用，所以，坪內壽夫每次上班前，要先打聽那輛車閒置在哪，如果都在拉活兒，他只能坐公車上班。

但坪內壽夫的司機也不容易，趕上拉老闆上班的時候，他還需要順便去餐廳，明廚師做便當、煮咖啡，或者在吧台接客。

一人三用的方式，被體現得淋漓盡致。

這是一個強大的組織，甚至比任何一個世界五百強的企業都強悍。西方商業領袖習慣強調制度：上傳下達是一個堅固的體制，秩序井然，照章辦事是必須的。但這種制度有個問題：決策緩慢、行動遲緩，一個環節出問題必然會牽動全身。

來島船塢是另一種存在，哪怕是沒有任何職位的普通員工都對公司的大部分細節瞭若指掌，客戶從來沒有機會說，「你不懂，叫你主管來！」這樣的組織更具有破壞性，他們拒絕安逸而易生腐敗的體系，堅持以滅絕人性的方式不斷強化自我的能力，以此實現創新。

這基本上就是坪內壽夫的故事，在一九七五年，經過一系列彪悍的改革之後，到了二十世紀八〇年代中期，當泡沫經濟開始爆發之後，來島依然是一家強壯的企業，其盈利能力和銷售額都是日本第一，把第二名日立造船遠遠地甩在後邊。

石油危機淡去，泡沫經濟崩潰將至，後者不僅改變了日本蒸蒸日上的經濟，還顛覆了日本人早已形成的集體主義價值觀。但可貴的是，在泡沫經濟崩塌之後，諸多企業開始了一場自我救贖，同時引導日本走向復興的果斷行動。

第三章 大時代，大泡沫

向銀行開槍

英國的《經濟學家》雜誌的封面一向寓意深遠。二十世紀八〇年代末期，這本雜誌以《太陽也會西沉》為封面報導，哀歎日本曾經輝煌燦爛的經濟陷入了難以言表的暗淡。一九八九年十二月，日本泡沫經濟崩潰。房價、股市飆升，日元升值，貨幣寬鬆……

二十世紀八〇年代，日本人在全世界進行著大採購。他們買來的不是鞋子、汽車或是馬桶蓋、襯衫，而是不動產、公司和藝術品——所有精美的東西。三菱公司出資八億美元收買了被稱為美國「富有的標誌」和「美利堅的標誌」的紐約洛克菲勒中心51%的股份；Sony 公司動用三十四億美元買下了被稱為「美國靈魂」的好萊塢哥倫比亞電影公司、三星電影公司和漢堡的四季酒店；松下公司斥資六十億美元收購了美國環球影業公司；日本 Shuwa 株式會社購買了洛杉磯花旗廣場和梵古的名畫《向日葵》；美國廣播公司大廈失守；花旗銀行總部大廈易幟；莫比爾石油公司總部大廈陷落……日本通過投資來「收購美國」，逐步取得對美國經濟命脈的控制，而美國卻無還手之力。據統計，一九八〇—一九八八年日本在美國的直接投資增長了十倍以上。日本人擁有兩千八百五十億美元的美國直接資產和證券資產；控制了超過三千兩百九十億美元美國銀行業資產（占美國銀行業資產的14%）；控制了加利福尼亞州銀行業資產的25%以上以及其未清償貸款的30%；在美國擁有的不動產超過歐洲共同體的總和；佔有了紐約股票交易所日交易量的25%。

對於他們來說沒有什麼是太貴的，只有很少的精美之作能夠滿足他們的要求。恐懼蔓延到了美國的領導層，他們充滿了對異己的恐慌和對「黃禍」的恐懼。西方領導層的這種恐懼似乎是合理的，因為日本人公開買進了他們想要的一切。他們的財富是無窮的——就跟他們的債務也是無窮多一樣。

這時期的日本人熱衷於投機，模糊了投資和投機的界限。一九八七—一九九〇年，日本人的財富上漲了三倍。之所以會出現大規模的通貨膨脹，是因為日本國民並不是主要把錢用在消費上，而是投到房地產、股票等資產市場上。一九八三年，日經股價指數年平均為八千八百日元，一九八六年升至一萬六千四百日元，升幅近兩倍。從一九八六年一月開始，日本股市進入瘋狂狀態。一九八七年一月份，日經股價指數突破兩萬日元。一九八七年三月，日本股票市場的市價總額已經達到兩萬六千八百億美元，占全世界的36%，超過美國居世界第一。

一九八七年十月的「黑色星期一」之後，西方各主要國家紛紛提高利率進行應對。日本卻在國內資金極為富裕的情況下，繼續保持超低利率水準，使其股票價格總額在兩個月後達到全世界股票價格總額的42%，日經平均股價最高已經接近四萬日元大關。此時，日本股票總市場已經占到GNP的1.6倍，占全球股市市價總額的42%。如果從一九八五年算起，到一九八九年為止，日本股票價格在四年時間內平均增長率高達49%，而同期實際GDP增長率只有4%。僅僅日本NTT公司的股票牌價就高於安聯保險公司、巴斯夫集團、寶馬、戴姆勒、德意志銀行、蒂森鋼鐵集團的牌價總和。隨著股市的上升，日本主要城市的土地價格也開始猛漲。東京、大阪等六大城市市區地帶各類用地平均指數一九八六年為四十，一九九〇年達到一百一十，四年間上漲了近三倍。一九八七年，地價上漲達到了高潮，全國各類用途土地平均價格上漲了22%，東京住宅用地上升66%，商業用地為61%，均為歷史最高，住宅用地首次超過商業用地。這一年，日本政府實施了一項《完善綜合休養地區法》，提出將國土的20%變成國民休養地，通過政府補助和稅收優惠，鼓勵完善生活休閒設施，以達到擴大國內需求的目的。這一政策推動土地價格進一步上升。在「土地神話」和大量過剩資金的推動下，日本土地價格從一九八五年的4.2萬億美元增加到二十世紀八〇年代末的十萬億美元，上漲了兩倍多。

然而，到了九〇年代初，泡沫的破滅撕破了表面的繁榮。日本讓人驚歎的股市與房地產價格急速下跌，銀行在巨額呆壞帳面前，接連宣佈破產。一度是世界第九大銀行的日本長期信用銀行，也未能倖免，時任總裁的大野木克信因為債務問題無奈入獄……就在一夜間，日本就跌落到了黑暗的衰退期。

在這個過程中，有一個關鍵人物在日本人信心沸騰的時候，及時遏制了事態向更惡劣的方向發展。他是當時大藏省（財政部）銀行局局長西村吉正。二〇〇六年，他已經成為早稻田大學的一名學者，我有機會面對面採訪了他，他也回憶了那段讓他感歎的歷史。

一九九〇年海灣戰爭爆發，成為完全依賴石油進口的日本股市崩潰的導火線，當年日經兩百二十五指數下跌38％，並從此一發而不可收，一九九二年跌破兩萬點，二〇〇三年跌破一萬點，二〇〇八年十月跌破七千點，創下日本股市二十六年來的新低，相對此前的峰值已跌去80.95％。與此同時，日本房價急劇下跌，一九九四年東京、大阪等主要城市的房價已跌去50％，二〇〇四年房價最高跌幅達70％。可見這次危機的影響有多麼深遠。一九九〇年後，日本經濟進入漫長的低增長時代，自此「黃金時代」一去不返。一九七五—一九九〇年，日本 GDP 年均增長率 4.1％，而美國同期僅為 2.7％。一九九〇—二〇〇〇年，日本 GDP 年均增長率僅為 1.6％，而美國同期卻高達 3.1％。經濟低迷導致企業負債規模大幅上升，破產企業數量逐年攀升，失業率高居不下。

在這時候，西村吉正卻保持清醒，在每一個日本人都相信「JapaneseNo.1」的二十世紀八〇年代後期，在日本全民像吞下了搖頭丸般瘋狂的時期，西村吉正斷然下令控制銀行信貸總量，宣佈讓銀行倒閉。

西村吉正認為，是日本人的自負心態，製造了日本的經濟泡沫。如果心理與經濟狀態持平的話，就不會出現泡沫。但是，從一九八五年開始，日本人的心理膨脹的速度與經濟增長水準落差不斷加大，等到一九九一年人們意識到泡沫的時候，為時已晚。

絕望的十年

一九九〇年，日元、債券、股票同時貶值，泡沫開始破滅，敗象畢露。股價和地價的下降導致信貸擔保物的貶值，金融機構為避免債權損失，迫切要求債務人儘快償還借款或追加擔保，這就迫使有關企業轉讓自己保持的股票和不動產，結果大大助長了出讓股票和土地的風潮，導致股價和地價的進一步下跌。如此反復，形成惡性循環。但這時大多數人還沒有充分認識到問題的嚴重性，以為經濟的挫折很快就會得到克服。另外，房地產價格持續暴跌，致使許多房地產商和建築公司在房地產領域的投資徹底失敗，根本無力償還銀行的貸款而不得不宣佈破產。房地產公司以及個人在向銀行貸款時雖然都有房地產、股票等資產做擔保抵押，但隨著土地和股票價格的不斷下跌，擔保的價值日益下降，致使日本金融機構不良債權不斷增長，資本充足率大幅下降。不良債權的大量增加導致金融機構的財務體制十分脆弱，抗風險能力下降。部分金融機構甚至還出現了資金周轉失靈等問題，致使日本十大銀行中的日本長期信用銀行、日本債券信用銀行以及北海道拓殖銀行相繼倒閉。中小金融機構的破產更是接連不斷，日本金融體系發生劇烈動盪，險些引發一場嚴重的金融危機，日本銀行的各項機能均遭到重創。

從一九九〇年起開始的日本股票的價格下跌，是在一九八五—一九九〇年期間日本政府為了減少日元升值帶來的經濟壓力、緩解日元升值預期而採取擴張性的財政政策和貨幣政策所導致的結果。

從那時候開始，日本進入了失去的十年，這個漫長的黑暗時期一直延續到二〇〇三年。在泡沫崩潰之後，日本政府展開了一系列救市活動。對於銀行來說，它們遇到最大的問題就是不良債權引發的巨額損失。隨著地價一路下跌，當年那些以土地為擔保貸款的公司紛紛破產，銀行資金漏洞就迅速顯現出來。這成為二十世紀九〇年代中期，日本銀行遇到的最大問題。

一時間，金融市場慘不忍睹，諸多強悍一時的證券公司紛紛消於無形。它們就像風雨中飄搖的小船，被巨浪接連吞噬，現在看看當時悲慘的情景，還是讓人不寒而慄。

一九九七年，日本證券業界已有小川證券、越後證券、三洋證券等三家中型證券公司倒閉，而後來山一證券公司的倒閉是影響最為嚴重的。「泡沫經濟過後，所有的企業都是在堅持，慢慢消化，」當年在山一證券工作過的一位員工回憶起當時的情況，還唏噓不已。「山一證券代理的資產高達二十四萬億日元，在日本代理投資證券公司是不保底的，虧了賺了都是客戶承擔。不幸的是亞洲金融危機襲來，一些大客戶找山一撤銷投資，這些投資早就大幅度縮水，本來山一公司不用負責，但不敢得罪客戶就用本公司的錢還債。」山一公司隱瞞了債務，這就違反了證券交易法，最終導致了日本政府的徹查。

而在接受調查的時候，正是山一證券創立一百年的紀念日。

不過需要指出的是，日本證券公司的背後都有大財團的支撐，財團和那些江湖上聲名遠播的公司形成了錯綜複雜的關係，雖然有些公司破產倒閉，但財團通過自己的方式依然保持著健康發展的未來。

比如日本的芙蓉財團，它內部包括富士銀行等都相互持股、相互投資。山一證券雖然負債累累，但是富士銀行一直都為其提供貸款。因此很多本來早該倒閉的沒有倒閉，泡沫消除的速度慢，也起到了緩衝作用。

芙蓉財團的前身就是著名的安田財閥。我在《日本商業四百年》中曾經詳細講述過這個財團的創業故事。安田善次郎於一八八〇年開設安田銀行。安田銀行於一九四八年改名為富士銀行，進而和日產、根津、淺野、大倉、大建等舊財閥系企業，組合成新的富士財團。集團內核心企業包括舊安田財閥系的安田火災海上保險、安田信託銀行、昭和海運、東京建物、安田生命保險等；舊日產財閥系的日立製作所、日產汽車和日本油脂等；舊根津財閥系的日清紡、日清制粉、東武鐵道和日本精工等；以及舊淺野系的NKK（粗鋼日本第二）和京浜急行電鐵等；舊大建財閥系的丸紅（綜合商社）；以及舊大倉財閥系的大成建設等等。富士財團派系眾多，成員複雜，組織較鬆散。

參加「芙蓉會」的有二十九家企業，其中著名的有富士銀行、安田信託銀行、安田海上火災保險公司、安田人壽保險公司等四大金融機構，還有日產汽車、日本鋼管、久保田鐵工公司等巨型企業以及綜合商社丸紅公司。

另一個大財團也在積極行動，那就是三菱財團。在泡沫經濟崩潰之後，三菱集團內部還試圖通過貸款拯救三菱汽車，大財團一方面讓日本企業得以專心開發技術，一方面又阻礙了競爭，把競爭關係轉化為競合關係。

總之，在那個一眼望不到光亮的時代，每個日本人都經受著內心的煎熬和壓力。這種壓抑的氛圍並非來自缺衣少食，而是從當年欲望滿滿獲得收穫的時期，一下子墜入無邊的黑暗。

宮崎駿的影片《千與千尋》之所以能打動那麼多人，就在於他描寫了那個讓人絕望的年代。影片主人公是一九九〇年出生的獨生女千尋。宮崎駿從孩子的視角出發，講著日本社會的故事：泡沫經濟破產後的長期不景氣，舊有社會體制的難以改革，國民對政府內閣的強烈不信任感，這些都是成人的麻煩；而在孩子的世界裡，學校道德敗壞，校園暴力不斷，少年犯罪更是司空見慣的黑暗。怎樣找一把鑰匙打開光明之門？在宮崎駿的故事裡，千尋最終激發出身體裡全部的潛能，成功地完成了自己的冒險。

當然，這個冒險的過程很漫長、艱辛，整整持續了十年。

一切都變了

很少有分析家從社會變化層面來分析泡沫經濟崩潰對日本的深刻影響。實際上，泡沫經濟的崩潰不僅僅給日本人內心蒙上陰影，也在一定程度上顛覆了既有的社會群落關係。

美國當代著名文化人類學家露絲·本尼迪克特最讓人稱讚的圖書叫《菊與刀》，這本書的主旨揭示了日本人矛盾重重的性格特點，比如崇尚禮節，內心又好勇鬥狠。另一方面，這位女社會學家還提出，日本是一個集體主義觀念過於強的國度。「具有集體主義特徵的一個群體成了一種固定思維。」她甚至以為，日本人都有著壓抑自己的個性，以此達到和集體利益相融合的基因。但事實上，日本一些學者不同意本尼迪克特的主張，比如東京大學的心理學專家高野陽太郎教授徹底批判了這種觀點，他認為所謂日本人屬於集體主義範疇的觀點是一種錯覺，根據高野的案例分析，在全部十九個案例中，有十三個案例沒有顯示出日本人和美國人在集體主義和個人主義方面有太多的差別，有五個案例還顯示了美國人比日本人更加具有集體主義的特性。他認為簡單地把日本人歸屬於集體主義，歐美人歸屬於個人主義的這種固有觀念是沒有事實根據的。

當然，這是一個很抽象的話題，我力圖簡單地做些解答。在高野陽太郎之後，還有一些學者試圖分析日本人的性格特點，最著名的是日本哲學先驅和辻哲郎的「人間」理論。在他之後，還有很多日本學者探討過類似話題，但基本上都在他的研究基礎之上。

簡單說，和辻哲郎和他的後輩認為，日本人的集體主義觀念不同於西方人的認識，西方的價值體系建立在權利和義務的關係上，強調的是集體和個人之間的利益衝突，而日本人則重視精神世界，比如，我這個個體，在別人眼中是什麼樣的。也就是說，你們是怎麼看待我的，比我自己的感受重要多了。這就形成了日本人重視秩序、重視集體主義、重視自身在社會中如何被看待的性格。舉個有些極端的例子，一個人日本人不隨地吐痰，可能並不是因為怕污染環境，而是擔心別人會看不起他。所以，在日語裡用「人間」表示「人」的意思，無非也是強調，而存在。

但泡沫經濟的崩潰，在某種程度上顛覆了日本人的這種性格特徵，突如其來的經濟崩潰像無法抑制的洪流，帶走了日本人這種集體主義觀念。政府財政問題捉襟見肘，甚至走向了破產邊緣，而一直宣導終身雇傭的很多大公司也消弭於無形，這就打破了日本特色集體主義觀念的經濟基礎，「一切都改變了」是當時日本人的群體心態。

很多日本的社會學家都會引用一個故事來說明日本經濟危機對既有群落的擊潰作用：

在經濟危機之後，有一個叫小板部落總會的機構，通過了一個廢除「同行」的決議。這個決議敲響了日本數百年來村社會（群體社會）的喪鐘。很多人當時投了贊成票，但他們根本沒有意識到，自己這一票會改變日本的社會形態。

那麼，「同行」是個什麼組織呢？其實就是村子裡，如果誰家死人了，老鄉們就團結起來組織葬禮，比如有人幫著聯繫和尚來念經，有人找小時工來打掃屋子等等。因為幾百年都這麼幹的，所以「同行」的運作非常成熟，有一套完整的流程和體系。最關鍵的是，「同行」不收費用，完全是一種自發的村落協作形態。

比如說，一九四二年冬天，有個叫見浦的人，他父親進山燒炭，為了準備一些工具去找鐵匠，到了鐵匠鋪，鐵匠的老婆說鐵匠已經死了兩天，婦道人家沒了主意，也沒有個可以商量的地方，正愁著不知如何是好。見浦的父親二話沒說回到村裡，集合「同行」準備給鐵匠辦喪事。「同行」裡有人反對，說這不是組織中的事，不應該管這樣的閒事。見浦的父親怒火中燒，說不需要沒有憐憫心的人幫忙，就算只有他一個人也要幫鐵匠辦喪事。結果，「同行」全部出動，幫忙辦完了這個喪事。

四百年前形成的小板部落之所以到現在還存在「同行」的習俗，是因為小板部落地處深山老林之中，生活非常艱苦，不靠互相幫助難以謀生。部落裡的居民以「戶」為單位出錢出力，形成了互助性質的「同行」，運作部落中紅白喜事等各種需要大家　明的事。這種習慣一直延續到現代。小板部落成立了由每戶平攤出資的管財組織財團法人小板振興會，具體運作「同行」事宜。

但是在日本經濟高速增長時期，小板部落的年輕人大量外流，出生率下降，部落成員年齡結構日益老年化，以致部落成員不能維持一定水準的生活。小板振興會支撐到二十世紀之後終於出現了財政不足的問題，同時部落成員的老齡化也使每戶出勞力成了問題。在既無資金也無勞力的情況下，「同行」變得如同形骸，小板部落不得不決議放棄「同行」的習俗。放棄「同行」之後，部落中葬禮將有自治會長直接聯繫葬禮公司，但部落將不再承擔任何費用，也不用出勞力，各家的事將由各家自行處理。

這樣，小板部落的村社會崩潰了。部落退休領袖見浦對此倍感痛心，於是記錄下了這個過程。

不能不說，正是經濟的起飛和隕落讓日本的社會形態發生了深刻變革。這個小故事多少說明了日本已經從集體主義至上的社會邁向了崇尚個體的社會。這說明，泡沫經濟不僅僅摧殘了日本的經濟，還逼迫日本社會的價值觀發生了變化：不能再靠政府、靠公司了，每個人都需要自己尋找出路，強大的福利保證已經告別我們的生活，從生到死，都需要自己一步步奮鬥了。

這種價值觀的變化，是從日本泡沫經濟崩潰之後，政府開始推行新自由主義的政策開啟的。

新自由主義是什麼意思呢？用一句話概括就是：尊重市場的作用，政府不干預經濟，讓企業在市場上自由競爭。

這是二戰之後的日本人無法想像的嶄新世界。對於日本人來說，他們的生活軌跡非常清晰：考上名牌大學，進入政府部門或者一流企業，拼命工作，同時享受良好的福利，退休之後衣食無憂；而對於日本企業來說，政府頒佈政策，銀行提供資金，能讓公司毫無後顧之憂地開發新技術，豐富新產品，賺取利潤，再用這些利潤為員工提供良好的待遇……政府、銀行、企業和員工形成了一種穩固的互相依存的關係，這種關係讓日本在二十世紀七八十年代迅速崛起。

但經濟危機徹底擊潰了這種緊密的聯繫，也把這種依附於社會、企業而生存的價值觀念徹底毀滅。日本政府在此之後，開始了新自由主義經濟改革。一九九三年，日本首相的諮詢機構經濟改革研究會發表了《平岩報告》，其宗旨「在經濟規制方面基本上原則自由、例外規制，社會方面以自己責任為原則」成了日本經濟和社會改革的基本綱領。

也就是說，個人不能再靠政府和企業了，自我的奮鬥更加重要。一九九六年橋本龍太郎接任首相後，推行了行政、財政結構、經濟結構、金融體制、社會保障結構、教育等方面的六大改革，涉及了規制緩和以及財政重建，同時還推行了社會保障等多方面的極其壯大的新自由主義的改革。這些政策深刻影響了日本社會的變革，雖然對他的改革是否成功還沒有定論，況且，這位首相也是因為無法在短期內改變日本經濟頹廢的格局而黯然下臺的，但毫無疑問的是，橋本龍太郎努力讓這個國家走向良性發展的軌道，以最大的限度激發每一個日本人為了自己的福祉而努力，從後來發達國家遭遇的危機來看，比如歐洲債務危機等，新自由主義經濟能最大化地改變發達國家陷入僵化的可能性。

橋本龍太郎家世顯赫，父親做過部級官員。橋本龍太郎總是穿著得體的西裝，頭髮梳得一絲不苟，蒼蠅站在上邊都能劈叉。他博聞強識，對日本歷史上以及現在的政策能毫無差錯地背誦出來。他還是一位劍道高手，在日本經濟頹靡的時期，民眾的確需要這樣一位看起來果斷、勇敢、銳意進取的首相登臺。

但從當時情況來看，橋本龍太郎有兩項重要的改革並不成功。比如，他打算改變銀行混亂無序的情況，讓國家的財政走上穩健之路，但遇到了自己黨派的反對；一九九七年，他提高了營業稅，制定這一政策是為了增加財政收入，緩解政府赤字，結果一九九七年正是日本經濟危機外加亞洲金融危機的時候，日本企業本來就苟延殘喘，再加上營業稅的提升，更是生不如死。一九九八年，在一片反對聲中，橋本龍太郎黯然退場，雖然後來他準備王者歸來，但從未成功過。

第四章 雲中之巔的森大樓

世界第一高樓

二〇〇八年八月二十八日，坐落在上海的環球金融中心正式開始運營。那一年，這座當時世界第一高樓的「操盤手」森稔已經七十四歲了，他自己已經不能登上環球金融中心高高在上的空中走廊了。當然，我有機會登上了這個巔峰，站在「觀光天閣」裡俯視浦東，三角形屋頂鑲滿玻璃鏡面，折射出夢幻迷離的光彩。長廊地面鋪有三條透明玻璃地板，可直接俯瞰腳底下陸家嘴金融貿易區川流不息的車流、芳草如茵的綠地及連綿的樓宇，工程人員說，在天氣晴朗的時候，還能看到浦東機場。

但說實話，這座大廈一誕生，就遭遇了質疑和否定。在大廈開始設計之初頂端有一個月亮門一樣的洞，設計者設想裝上巨型的吊船，據說太陽升起的時候，陽光穿過洞孔，將成為一道瑰麗無比的景象。然而，因為眾多網友認為那是日本國旗飄浮在上海上空的象徵，最終改成了目前看到的梯形。

但設計師解釋說，設計的最初意向是創造圓、方之間的對話，體現中國天圓地方的思想。方形棱鏡交叉通過一系列星球瓶，曲直交匯帶來幾何感。方形座底和樓身，一路飆升至天際，看起來雖然棱角分明但是毫不影響美觀。所以最初的月亮門設計完全是出於中國元素和中國古代園林建設理念的考慮，與所謂處心積慮的「日本設計」並沒有關係。

無論怎樣，森稔敢於創建世界第一高，說明他對冒險充滿熱望，這一點和他的父親很像。

森稔出生於富豪之家，他父親森泰吉郎原本是一個著名的經營史學者，早年在太倉高等商業學校、東京商科大學（現在的一橋大學）學習商業，畢業後在多所大學任教。一九五九年，森泰吉郎一邊在橫濱市立大學商學部擔任部長，一邊做起了寫字樓出租生意，一九五九年，他乾脆辭掉了工作，開始一心一意投入房地產事業，並創辦了森株式會社。

在二十世紀八〇年代末期，日本泡沫經濟時期，森泰吉郎被美國福布斯雜誌評選為世界上最富有的人，一九九一年和一九九二年其個人資產達到 1.6 兆日元。對於森泰吉郎通過何種手段獲得了如此龐大的資產和土地，外界一直猜測不斷。美國學者阿列克斯．科爾曾經含蓄地指出，日本的大型房地產開發商和官僚總是保持著密切關係，房地產開發商通過建築大型基礎設施和標誌性建築而斂財，政府人員也必然會從中獲取暴利。

我們不知森家族的發家史，但可以肯定的是，日本企業家一直把森泰吉郎視作企業家的終極目標，這不僅僅是因為他富可敵國的財富，還在於森家族的經營思想和對社會的尊重。森泰吉郎作為一個學者，最初把美國的專案承包制度引入日本，按照開發專案來組織團隊集中建設，擺脫了日本過去那種縱向的領導。同時，森株式會社創造性地發明了與地權所有者共同開發的模式，日本因為是土地私有，獲得地權所有者的支持至關重要。森泰吉郎生前在接受採訪時說，他沒有特別好的方法來獲取土地，只是一家一戶地遊說，讓他們出讓土地，同時承諾給予優惠的補貼。

人們對房地產開發商的印象一向不好，但在日本，森泰吉郎是一個例外，比起他積累的巨額財富，人們更加樂於談論他平和的性格、寬以待人的態度和他的良心。

絕對不買土地

在二十世紀九〇年代初日本泡沫經濟時期，森株式會社是唯一一個沒有購入土地的公司，公司高層預測「東京的土地價格必然減少一半」。果然，十年之後，東京的土地平均價格由每平方米一千萬日元跌落到了每平方米四百五十萬日元。

從目前的資料看來，森泰吉郎應該是一位嚴父，長子森敬是原慶應大學義塾大學理工部教授，次子森稔承接了父親衣缽經營森株式會社，三子森章在父親去世之後和二哥分道揚鑣，獨立經營森托萊斯特株式會社。三個兒子都成就斐然。

延續了父親一貫建設理念的就是森稔。森泰吉郎晚年開始涉足東京城市再開發計畫，承接多個社區建設項目，他說自己的理想是構建能容納衣食住行和文化生活的綜合社區，雖然這個構想被很多人詬病，但森稔在父親去世之後仍然頂住壓力完成了一個個具有標誌性意義的社區建設。

和哥哥森稔相反，弟弟森章性格冷靜、內斂，日本媒體稱他為「謹慎的金融分析家」，因為理念不同，兩兄弟在森泰吉郎去世之後，經過漫長的爭論，最終各行其是、分道揚鑣。更有媒體大肆宣揚兩兄弟是相煎太急，森泰吉郎在天之靈也會痛哭云云。而森章解釋說：「我性格內向，不喜歡表達自己，不喜歡冒險，也不喜歡預測未來，我只做短期工程。」

森稔這樣評價自己的弟弟：「他創辦了一個偉大的公司，獲得了財富，而我希望自己創建美麗的城市。」

泡沫經濟時期，正是森稔的理想浮出水面，日臻成熟的歲月。「像東京、北京、上海這樣的大城市人們花費在交通上的時間成本和金錢成本很大，如果在一個社區裡就能實現你所有的生活內容，就會提高生活、工作效率，當然也能減少汽車油耗，實現環保的目的。」

森稔和他父親森泰吉郎就是用了一生的時間來創造這樣的城市。實際上，森稔和他父親是歐洲著名建築大師勒・柯布西耶的忠實信徒，因為柯布西耶年輕時就用宏大敘事的筆調寫道：「一個新的時代開始了，它植根於一種新的精神，有明確目標的一種建設性和綜合性的新精神。」他的設計充分發揮了框架結構的特點，由於牆體不再承重，可以設計大的橫向長窗。一時間大的落地窗成為人們熱愛的新建築方式。

森稔是把柯布西耶的思想移植到日本的典範，他堅定地認為柯布西耶提倡的「垂直庭院都市」是解決日本雜亂無章的城市擴張的必然之路，密集的人口可以在通天的大廈和設施完備的地下城市裡自由生活。KPF 設計事務所當然也是這個理想的宣導者，威廉・佩特森說：「垂直城市庭院都市適合任何龐大的城市中心區，樓可以建得高一點，再高一點，在密集的都市里創造一個空中花園國度。」

相同的建築思想讓森稔和威廉一拍即合，兩家公司第一次合作就打造了東京著名的六本木新城，據說，當年森稔看到 KPF 的設計方案之後毫不猶豫地就將六本木新城的設計工作全權委託給了這家設計事務所，也是因為長期的默契合作，當環球金融中心一經立項之後，森稔就把設計工作交給了 KPF 來完成。

無論你是否認可超高層建築和「垂直城市花園」的概念，但六本木新城的確讓人驚豔。高聳入雲的森塔從遠處看就像一個巨大的武士甲冑，銀色的玻璃牆面倒映著城市的街景和空中的白雲。森塔門前有一個巨型的蜘蛛雕塑，象徵不拘一格的理想。在人行道的旁邊是一面巨大的玻璃圍牆，水流傾斜而下，用潺潺的流水聲阻隔了汽車的轟鳴之音。

這裡有電視臺、購物街和最接近天空的美術館，還有知名設計師的工作室。這個瑰麗的城中之城，從森泰吉郎到森稔歷經十七年方才建成。

二十世紀八〇年代末期，東京六本木地區還是一片低矮的建築，淩亂嘈雜，從那些發黃的照片裡我們可以窺見當時城市的落寞。在森株式會社買下這塊地段之後開始和當地居民展開了漫長的博弈，對於「釘子戶」森泰吉郎和森稔都極端耐心，一次次地登門拜訪，一次次地提高補償，據森稔自己說，有些房子的居民除了拿到出賣土地的收入外，還可以無償住在六本木新城當中。

父親希望「能改變東京的生活」，兒子的夢想則是創造一個有商業、有文化氣息的社區。這個耗資兩千七百億日元的項目完全是一種非政府行為，純粹是森家族自己的理想。

「我年輕的時候覺得東京是一個沒有秩序的城市，缺乏美感，沒有優雅的生活方式，和國外的大城市相比沒有樂趣。雖然二十世紀六〇年代為了召開奧運會，東京也曾進行再開發，但效果並不明顯，建築物顯得過於單調乏味，如果置之不理必然會在國際經濟競爭和文化競爭中落敗。所以我深刻地感覺到，我必須為東京在商業、文化方面增添新的色彩。」

在森稔的嘴邊經常出現「文化」、「藝術」這兩個詞彙。而森稔也把森塔中視野最好的地方留給了森美術館。

熱愛文化、熱愛藝術也是森稔的基因。森稔大學原本讀的是教育學，成為偉大的小說家是他青年時代的夢想。隨著父親創辦了森不動產公司，森稔突然對經營房地產產生了濃厚興趣。當時二戰剛剛結束，百廢待興，人們迫切需要城市重建，而很多房屋都被戰火焚毀，收購土地也就不是那麼困難的事情。但森稔是眼光長遠的。「當時我發現虎之門一帶不僅僅缺少出租用住宅，更缺少漂亮的辦公樓。於是我開始和父親一起呼籲我們已經收購的土地周圍的鄰居們，一起為建設和諧、美麗的城市而努力。這樣我們就成功地開發了第一森大廈到第三森大廈專案。」

但森稔坦言，這時候自己並沒有想成為開發商大亨，他投入房地產只是為了創造小說積累素材，瞭解生活。

「直到大學畢業之後，很多同學到大公司去工作，我感到一絲難以言喻的寂寞，而父親又勸我和他一起創建一個具有現代組織結構的公司，於是就和父親一起創辦了森株式會社。另外一方面我也在想，與其用筆來描繪虛擬的生活，何不用自己的努力去創造真正偉大的城市呢？」

和父親並肩作戰之後，森稔到歐美考察，記憶最深刻的是當時舊金山的城市再開發運動。此時的日本還沒有開發活動，雖然有小塊地段的整理修繕，但沒有解決東京人多地少交通堵塞的根本性問題。「於是我們開始慢慢等待機會，並且不斷向政府提案希望能進行東京城市的再開發，獲得政府支持之後就開始購買大塊土地，修建自己的城市。」

森稔坦言，在六本木新城的建設過程中，唾罵、指責、譏諷不絕於耳，但經過了十七年的艱苦努力後，六本木新城還是成為讓世界誇讚的新型社區。他們的起點就是從泡沫經濟開始的，森稔父子保持著理性的頭腦，以此對抗經濟的頹萎。

森家族歷史悠久，獨樹一幟。在戰後，他們趕上了日本重建的浪潮，吸收了西方的建築理念，同時又能根植於日本本土情況來思考城市的未來。你很難想像，在日本這個狹窄的國度，能誕生一些偉大的房地產公司。它們在既有的土地上讓想像力飛奔。它們當然也尊重商業利益，但致力於解決城市的困局，讓人們生活得更好。王石說，對他影響最大的企業就是森株式會社。因為「它們（森株式會社的建築設計）讓城市向天空延展，這符合中國大城市擁擠的現狀。」

第五章　良品的虛無主義

簡單的就是美好的

泡沫經濟對日本另一個巨大的打擊是個人消費的持續低迷。在此之前，日本人一擲千金，在世界各地投資、投機，他們堅信手中的財富是源源不斷的金礦，他們也堅信錢生錢是這個時代永恆的真理。在日本最為光輝閃耀的二十世紀六〇—七〇年代，日本消費率一直維持在50％—60％。這個數字高於歐洲福利國家，在亞洲更是沒有其他國家能夠企及。這主要是因為，日本一直堅持藏富於民的政策，比如收入倍增計畫有效地提升了民眾的收入，同時也刺激了消費；大公司扶植小企業共同進步，避免出現嚴重的貧富分化。實際上，在日本，小企業的利潤率高於大公司，這在世界上都極為獨特。另外，再加上完善的社會保障體系，讓90％的日本人都成了中產階級。

泡沫破碎之後，日本人的消費支出立刻收緊。政府的財政緊縮、收入的下滑、對未來的擔憂讓日本人改變了大筆消費的習慣。日本民眾原本就沒有從銀行貸款購物的習慣，通貨緊縮環境更加劇了這一現象，年輕人寧願依賴父母的儲蓄消費也不願負債，日本居民部門的杠杆率水準遠低於美國，這也使日本消費率持續上行乏力。

消費收緊，推動了日本人消費習慣的變化，他們雖然對奢侈品牌依然充滿迷戀，但日益萎縮的收入讓他們開始尋找那些物美價廉的品牌。於是，無印良品誕生了。

這個誕生的過程耐人尋味，如果企業單純地相信，個人消費品受到衝擊走進低迷，需要轉向其他行業，而放棄了實現內部突圍，尋找用戶新的需求點，那麼無印良品也就不會存在了。

一九八〇年，西友百貨公司推出了自己的子品牌——無印良品。創業之初，無印良品的日用百貨產品有九種，食品有三十一種，總計四十種產品。在西友百貨的十四家店鋪中，有六家店鋪設置了無印良品專櫃。

那時，無印良品還很弱小。但它趕上了一個好時機，有一個好的、完美無缺的開始。這個開始，就是世界性的個人消費持續低迷。兩年前，隨著第二次石油危機的爆發，全世界經濟增長迅速減緩，日本的高度增長也戛然而止。物價高企和產能過剩像詛咒一樣困擾著日本。

消費者不再熱愛那些華而不實的產品，他們渴望獲得廉價而美好的產品。作為零售商，西友百貨也在力圖開闢新的疆界。他們發現，消費者不再熱愛奢侈品，「顧客就是上帝」這個理念已經落後於時代，因為顧客的消費觀念發生了變化。所以，商業世界要學會迎合這種新的趣味的變化，並且提供比這個趣味更高一個層次的產品。

針對這種變化，西友百貨才把它的產品命名為「無印良品」，這個品牌的核心價值就是：便宜又好用的產品是可以存在的。這是一個矛盾體，但無印良品的確實現了。從自我的角度來說，我對無印良品充滿敬意，它迷人的設計理念、耐人尋味的品質標準，都足以讓我膜拜。

我花費了大概兩年的時間思考、探尋、書寫無印良品背後的哲學，它讓我一次次驚歎，日本虛無主義的哲學居然能和美輪美奐的產品設計相得益彰。無印良品始終微笑地看著社會消費趨勢的不停變化——外來的、內在的種種更迭，看著一波又一波流行趨勢的登場和落幕，而自己則堅守著絢爛至極終將歸於平淡的處世哲學，等著並且推動著人的內心回到最簡潔的白色，它努力構建一種需求，那就是用基於生活本身的方式來捕獲人們的內心。

東京的主要交通工具是電車。從JR線有樂町站出來，向東京站方向走上幾分鐘，映入眼簾的是一個胭脂紅的背景上擺著四個白色的大字——「無印良品」。這兩種顏色，旁若無人般冷靜地鋪陳在那裡，這個標識一定會讓你覺得卓爾不群。如果你走過東京的燈火闌珊處，偶爾被街邊兩側灰色的、不乏棱角而又不那麼鮮明的平民建築所吸引，你會發覺，無印良品這個簡單奇特的標識暗示著某種顏色，諸如灰色、白色、黑色等等單一色調的蔓延過渡。

這是這個城市裡無處不在的灰色、白色和黑色的一次展現，無論是街頭人們的衣著，還是不見陽光的天空，都顯出一層一層的漸變和內裡的褶皺，而城市街道所顯現的單一的漸變，有某種東方哲學對層次感的要求，絢爛之後，歸於平淡，而這種哲學就從街頭建築、城市溫度一直延伸到「無印良品」。

白色，讓奔放的胭脂紅放緩速度，變成一種溫和的堅持和穩定。走進店鋪，乘上電梯到二樓，是女裝區。天井很高，灰色的、白色的、黑色的各種管道暴露在天花板下，在目力所及的範圍內，除了顏色單一的商品外，你看不到其他色彩的任何裝飾品。流淌在店內的背景音樂是無國界風格的背景音樂。這裡就是「無印良品世界」。

這個世界豐富卻不蕪雜。從女裝區往縱深裡穿行，是男裝和童裝，逆時針行進，可以看到眼鏡櫃檯和白色包裝的食品鱗次櫛比。賣場中央是服飾雜貨和健康用品。平日的午後，店內客人就開始摩肩接踵。三十歲左右的女性是這裡的常客，她們認真地挑選，小心地嘗試。

如果你走上三層雜貨區，在安靜中能體會到一絲朝氣，因為這裡是大學生的天堂。他們大都是居住在學校周圍宿舍裡的學生，為了讓一個人的生活更加豐富多彩而耐心地挑選。這些供人選購的商品井然有序地排列，在樓梯旁邊的角落裡擺放的是冰箱、洗衣機這樣的「白色家電」。放眼望去，全是純白色。乘坐電梯回到二層，右手邊是一座玻璃的房間，門口寫著「MealMUJI」，餐廳裡大概有一百個座位，座無虛席。這裡的客人不僅有衣著光鮮的時尚人士，更是男女老少的彙集地，他們光顧無印良品已經成為一種習慣，他們的生活方式和態度已經被深深地固定住。

其實，你很難想像，在如此繁忙緊張的生活環境裡，會有這樣的商品——色調單一，設計簡潔。它們基於東方的傳統，有某種程度的保守。層層的傳統和生活，用一種返璞歸真來解構，才來得持續有力。這樣一個沒有品牌的品牌是怎樣打破了商業規範變得生命悠長，氣定神閒地贏得變化莫測的市場青睞的？

叩問商品的實質

無印良品誕生於一九八〇年，那一年，賈伯斯的蘋果公司剛剛上市，正在努力開拓海外市場，它比名噪一時的 iPod 問世早了二十一年。蘋果的設計師坦言，是無印良品簡潔的設計風格影響了蘋果革命性的創造力。如果你把 iPod 放到無印良品的商品群落裡，一點都不會覺得有衝突。

一九七八年年底，在第二次石油危機的衝擊下，日本經濟陷入低迷，物價飛漲和產品過剩困擾著消費者。人們將目光投向價值與價格都合理的商品，謳歌大量消費的人們也開始關心「商品的實質」。眾多大型零售商開始創立子品牌，期待用物美價廉的商品來贏得這場沒有硝煙的戰爭。

比起它們來，無印良品的誕生晚了兩、三年，直到一九八〇年，西友百貨才推出了無印良品，並在賣場內開設專門銷售無印良品的櫃檯，同時開設門店來擴大影響力。

無印良品這個名稱由作家日暮真三提出，而作為創始人之一的田中一光定義了這一概念——從日常生活的審美意識中提煉而成的商品。無印良品期待以最本質的形態來呈現商品，包裝簡潔得看不到任何雕飾的痕跡，用環保的、無漂白的包裝紙做商品袋，呈現一種淡褐色，形成美學意識獨具風格的商品群落，與一些商品的過分包裝形成鮮明對比。

在這種極簡主義風格的背後，是一次次智慧與思想的洗禮。而無印良品並沒有忽視商品本身的實用性。比如暢銷一時的「碎香菇」，摒棄了傳統銷售整個香菇的模式，而是出售切碎的香菇，省卻了消費者的麻煩，實現了實用性的創造性突破。而另一位創始人小池一子提出的廣告語「有品質而且便宜」完美地詮釋了無印良品的追求。

無印良品在競爭中勝出是它反其道而行的必然結果。此時的日本連鎖店為了追求與眾不同的商品，在各個環節都存在顯著的浪費，而這種浪費毫無疑問會轉嫁到消費者身上。無印良品則選擇環保、價格低廉的材質，省略過度包裝等手段來降低成本，同類商品價格要比別的連鎖店便宜30％。

一九八三年六月，無印良品的經營邁出了一大步。第一家獨立店鋪——無印良品青山店開張。人們蜂擁而至，營業額是計畫的十倍。很快，無印良品在澀谷開設了「無印良品美國村」。青山和澀谷是年輕人聚集的地方，無印良品的設立立刻招引了眾多媒體的關注，一時間，無印良品宣揚的概念和生活方式成為社會的熱門話題。與此同時，西友百貨店澀谷店和阪神店梅田店內也增設了無印良品的門市。

從第二年開始，以青山店為模版，無印良品開設了多家一百平方米—一百三十平方米的店鋪，商品種類也增加到了一千種。這一年，無印良品事業部營業額達一百四十億日元，更重要的是，無印良品宣導的簡潔生活方式影響了越來越多的人。

禪意

一九八九年的夏天，隸屬於西友百貨的無印良品事業部走到了一個十字路口。當時擔任無印良品事業部部長的木內政雄的情緒越來越焦慮。他發現這個品牌雖然創造了巨大的商業價值和嶄新的美學意義，但它背後的管理卻陷入了無端的混亂和無序當中——缺乏獨立性，成本核算非常複雜，管理不透明等。一向開朗和善的木內開始向母公司展開一次次的遊說，他希望無印良品能夠成為一家獨立的公司，讓它能在西友巨大的陰影之外自由呼吸。

在木內政雄的推動下，一九八九年六月，無印良品終於成為一家獨立公司，定名為良品計畫株式會社，木內則成為法人代表，全權管理公司事務。

從一九八八年後半年開始，日本陷入二戰之後前所未有的經濟寒冬。泡沫經濟崩潰讓眾多零售企業陷入經營的灰色時期。然而，獨立之後的無印良品卻創造了屬於自己的利潤神話。泡沫的破碎讓更多的日本人從追求奢華的商品中走出來，無印良品追求物品實質，沒有設計的設計切合了人們此時的追求。癡迷於無印良品簡潔風格的人陷入了一種狂熱的狀態。這種狂熱促進了無印良品經營規模的持續增長。從一九九〇年到一九九九年的十年間，銷售額從兩百四十五億日元飛漲到一千億日元，增長了四倍。經營利潤從一百二十億日元增長到一千兩百億，增長了將近十倍。

優秀的業績使得無印良品成為日本零售業中的典範，後來人們將這段時期無印良品取得的優秀戰績稱為「無印神話」。無印良品的理想是創造一種嶄新的生活方式，用十多年之後的概念來渲染的話，也許可以叫做「樂活」——設計簡潔，創意環保。而這種生活方式的宣導延續到了日本人生活的方方面面。

到一九九三年，無印良品的商品增加到二千三百多種，衣食住行無所不包。十年之後，當我們有機會跨入無印良品在東京的店鋪時，它所包含的商品已經達七千多種，從傢俱、電器、服裝到食品、雜貨，無所不包。它們不是類似於大型超市中那些淩亂得讓人緊張感叢生的產品，這些商品群具有類似的外形，相同的設計理念，這在全世界也是獨樹一幟的模式。無印良品設計的商品已經滲透到了生活的各方各面。它就是運用這樣一種難以撼動的方式推廣著它所宣導的生活方式。

無印良品為了影響更多人，開始了大規模的開店運動。一九九三年秋天，一千平方米的專營店落戶千葉縣船橋市。無印良品店鋪一般會選擇商業時尚區域，店鋪面積也在不斷擴大。一九九四年，無印良品店面的平均面積是二百五十平方米，之後每年增加，二〇〇一年接近一千平方米，差不多擴大到了近四倍。到了一九九八年，無印良品又進入一個新的起點，那一年，公司成功地在日本東京證券交易所二部上市，充裕的流動資金驅動著公司不斷對外擴張。

木內不是一個保守的日本人，他期待著將無印良品所宣導的生活方式傳播到更遙遠的地方。一九九一年七月，在英國倫敦市中心，一家與眾不同的店鋪吸引了英國人的注意。它有一個很奇特的名字「MUJIWESTSOHO」。這是無印良品在歐洲的第一家專賣店。二〇〇二年，無印良品在歐洲已擁有二十一家門店。歐洲人對無印良品的喜愛起初讓木內社長匪夷所思。鮮明的文化差異和設計思想能讓無印良品獲得歐洲市場嗎？他沒有想到無印良品的設計風格成為一陣東洋風，輕柔地吹進了歐洲人的內心和生活。歐洲人坦言，在無印良品的商品裡看到了日本至純至美的一面，看到了禪意。

在我們探討品牌內核的同時，應該看到無印良品在管理層面的巨大創新，因為一個看似成熟的品牌背後都是通過嚴苛、有效和有創意的管理來實現的。松井忠三在二〇〇一年擔任無印良品的社長之後，開始了一次深刻的變革之旅。在此之前，無印良品發展迅速，但到了二十一世紀的曙光到來的時候，無印良品的發展之路卻顯得遲緩、沉重。

一九九九年，無印良品實現了銷售額一千億日元，經營利潤一百三十億日元的業績，這一輝煌的業績一時被業界稱為是「無印成長神話」。但是從二〇〇一年起，「良品計畫」的經營業績急轉直下，一九九九年年末一萬七千日元的股價，到二〇〇〇年年末只剩兩千七日元，縮水率達75%。松井忠三在這個時候擔任社長，他憑藉數十年積累的零售業的經驗，開始了一場管理的革命。

他先是深入第一線，從無印良品的店鋪中獲取第一手資訊。松井忠三的助理統計，在松井忠三上任的一年裡，他走訪了一百多家門店，白天他聽取銷售員的意見，晚上和店長、員工喝酒，深入交談。松井忠三發現無印良品的門店員工依然滿懷激情，對工作依然極為認真，對待無印良品這個品牌依然有信心；同時，他也發現，這家公司的管理極為混亂，門店商品的擺設毫無章法，冬天的衣服在夏天照樣擺放；一些已經被證明銷路很差的產品還沒有從貨架上下架……

松井忠三決定改變這種狀況。他在一個陽光明媚的早上，率領團隊，把無印良品積壓的相當於三十億日元的貨品堆在一個空曠的地上，付之一炬。

但這還不夠，積壓的庫存能一把火燒光，但導致庫存的體系必須被重塑。松井忠三的改革策略，就是在標準化管理模組中將細節做到了極致。

無印良品公司內部有一本員工手冊，也叫業務規範書，它厚達兩千多頁，這本手冊幾乎可以稱之為零售業的百科全書，它涵蓋無印良品的全部，從店鋪經營、商品開發、賣場展示到服務規範，無一不涵蓋。它對無印良品的任何一個細節都進行了重新詮釋和嚴格規定。我們試舉一個案例，比如門店的收銀台。

這本來不是個特別引人注意的地方，但是在員工手冊裡是這樣描述收銀台的：

定義：收銀台服務就是接受客人採購商品的貨款，並將商品交給客人的服務。

重要：收銀台服務是佔據店鋪業務20%比重的非常重要的工作。

何人負責：全體店鋪員工。

客流量大的店鋪每天會有一千位顧客和這裡發生關係。這裡是有最多機會讓客人感到「把東西買下來太好了」，「這真是好店鋪」的地方。

無印良品這樣的規範，一方面讓員工意識到收銀台的重要性，提升責任感，另外，也是更重要的，是能讓收銀台的員工產生某種榮譽感——他們不僅僅是收錢的員工，而是顧客和品牌產生美好關係的最重要的樞紐。

再比如，無印良品對商品的名稱也進行了嚴格、獨特的規定。它要求商品名稱一定要簡潔明瞭，「讓消費者一眼就能明白」，堅決杜絕出現專業詞彙。同時，要讓商品名稱最大限度地體現商品的特徵。對於窗簾的命名，無印良品是這樣規定的：不能用「滌棉遮光」這個詞，要用準確的詞「滌棉」，名稱要細化為「遮光窗簾」，不能叫「窗簾」這麼簡單。這還只是一個簡單案例，實際上對於產品名稱的命名規範，在這本手冊裡就有兩千字左右的條目。松井忠三還努力提升員工的工作效率。一方面，他規定晚上六點半之後不許加班，為的是讓員工在八小時之內完成工作。同時，他親手繪製了一個員工溝通表，每位員工每天見了什麼樣的客戶要按時登記客戶資訊，便於分享，每個專案的推進情況也要隨時更新，利於相關部門掌握情況，等等。

還比如，這本手冊對哪些衣服應該用哪種衣架都有明確的規定。松井忠三回憶說：「很多人問我，這麼簡單的事情也需要寫下來嗎？但我認為，只有寫下來，規範好，才能實現標準化，這樣，才能讓無印良品的每一家店鋪都有相同的品牌形象。」

對於零售行業來說，開店選址極其重要，幾乎決定著零售公司的生死。無印良品在開店之前要進行三項評估：市場評估、商業設施評估和店鋪評估。市場評估包括：地區面積、零售營業額預計、二十—四十歲人口的比例、白天晚上出沒的人口比例、人口密度和收入情況。商業設施評估包含：到車站的距離、人流量、車位、店鋪面積等。店鋪的評估主要是考慮是否能搭建客戶接待室、無印良品會員在這個地區的覆蓋程度等。

無印良品會按照這個評估標準給準備開店的地區評級，最高級是S級，然後是從A到D。C級以上的區域就需要再次論證是否值得投資。

松井忠三剛剛接手公司的時候，正是無印良品巨額虧損的時候，他認為，要想改變這種情況，就要大力創新，摒棄無印良品的官僚作風。「當時公司內部彌漫著經驗主義作風」。於是，利用這一本厚重的冊子，他讓經驗成為一種機制，不依賴於一個人或者一群人來影響公司的走向。

結果到二〇〇二年，無印良品就扭虧為盈。

第六章 老少皆宜的服裝

四處遊蕩的買手

柳井正是UNIQLO的締造者，也是一種生活方式的宣導者，和GAP這些做基本款的品牌比起來，UNIQLO更強調技術的力量。「我們學習的標的是蘋果公司。」

柳井正如此闡釋 UNIQLO 的理想。

柳井正生於一九四九年，年輕的時候繼承家業，經營西裝店。他是一個勇敢的改革家，對於他的家族企業來說，西裝就是安身立命的根本，是薪火相傳的事業，不可丟棄。但經營西裝無法讓柳井正獲得滿足感。西裝價格高毛利潤也大，但周轉時期很長，誰也不會天天換西裝，很多上班族可能一年只會添置一件西裝。所以，深諳零售業之道的柳井正以為，只有賣休閒裝，才能讓整個公司飛速運轉起來，而日進鬥金的現金流能撩撥他在商業方面的興奮點，讓他沉迷其中。

為了擺脫過往，開闢新事業，柳井正做好了充足的準備。他開始翻閱時裝雜誌，大量閱讀飾品雜誌；他深度遊歷歐美各國，在一個個小服裝店裡流連忘返；他厚著臉皮考察那些席捲世界的服裝零售企業，比如 ESPRIT、GAP、NEXT，也不斷採購世界各地的服裝進行研究……

這些產品很快就出現在柳井正新開的店裡。在短短的幾年裡，他開設了十家店鋪，銷售從海外掃來的衣服。結果是，公司整體並不賺錢。

柳井正自己回憶這段歲月的時候說：「在世界各地充當買手、掃貨，說到底還是依據個人興趣來的，我忘記了公司經營的真諦是賺取利潤，以消費者為導向的真諦。」

在這個過程中，柳井正也在思考，到底應該以什麼樣的產品和方式來獲得消費者的認可。直到有一天，柳井正去美國參觀大學生活協會的時候，茅塞頓開。這個協會非常奇特，消費品琳琅滿目，應有盡有，涵蓋生活的方方面面，從電腦到內褲，不一而足。最讓人唏噓的是這個機構的服務模式，就是沒有服務。消費者可以自由選擇中意的產品，服務員只會遠遠地觀察你，而不會影響你的購物體驗。

很多人都會有這樣的感覺，服務太好不如沒有服務，有時候，你真心地希望服務員能離自己遠點，別影響你挑選產品。

柳井正深受觸動，他決定，讓自己的公司繼承這種模式——跟熱情服務比起來，自由購物可能是更好的體驗。

另一方面，柳井正發現，雖然日本出現了類似於GAP這種物美價廉的品牌，但還是無法滿足學生們對低價的需求。於是，他想，不如把自助式購物和物美價廉結合起來，塑造一種全新的購物模式。

於是，「UNICLO」誕生了。一九八四年六月，「UNICLO」第一家店在廣島一個叫袋町的小巷子裡誕生。柳井正解釋說，之所以選擇這個鳥不拉屎的地方，第一，是租金便宜，第二，他覺著既然是面向普通消費者的品牌，那就應該挑選一個相對市井的地方。

當時，柳井正對這家店鋪提出的口號是：像買一本雜誌一樣買休閒服。沒想到的是，這個坐落在深巷中的小服裝店銷售情況異常火爆，顧客紛至遝來，尋找既便宜又好看的服裝。在開店的第二天，門檻都被踩爛了，「UNICLO」不得不限制進店的人數，大家想想，現在只有PRADA和LV才有限制顧客人數的政策。

要注意的是，那時品牌名稱還不是UNIQLO，之所以後來變成了這個名字，是因為，在第一家店開辦四年後，公司決定和香港人合資成立一個採購公司，而那個辦理公司註冊手續的公務員把「UNICLO」裡面的C寫成了Q，於是，柳井正將錯就錯，把公司命名為UNIQLO，於是，UNIQLO就誕生了。

柳井正是一個細節控，在這一點上，恐怕只有賈伯斯能和他媲美。他希望UNIQLO能給消費者創造一個寬鬆自由的購物環境，於是，他要求服務員笑容可掬，但不能影響消費者自由選擇產品的習慣；在店面設計上，柳井正要求每一家店鋪的通道必須筆直寬敞，不能為了擺貨架讓消費者有擁擠的感覺。還有店鋪的天頂不能給消費者壓抑的感覺，寧可露出水泥框架也要保持規定的高度，讓消費者有種通透的感覺……

柳井正要求每一個服務員都要穿上圍裙來工作，這樣能讓消費者迅速區分出工作人員和一般顧客。「這就是站在顧客的角度來想問題。」柳井正這句話二十幾年前的話，翻譯成現今互聯網的語言就是：重視用戶體驗。

接著，UNIQLO在日本不斷地開店。在接下來的一年裡，柳井正用實踐發現了一個道理：日本人，不，全世界人都熱愛時尚，這符合人性。但人們對於能滿足自己一般需求，並且時尚色彩不濃烈的服裝也充滿興趣。換句話說，那些色彩豔麗、設計獨特的產品，與簡單美好、樸素耐用的產品同樣有廣泛的市場。另一方面，柳井正力圖讓老人、年輕人和小孩的服裝在款式上保持一致，設計上沒有差別——都簡單明瞭，設計一樣，區別就是大小。這樣，去一次UNIQLO可以給全家人買衣服。

還有一點，柳井正認為，休閒服裝如果設計得中性，老少皆宜的話，搭配其他服飾就會非常容易，換句話說，你就是穿著 UNIQLO 的襯衫配上 Armani 的西褲也不會覺得奇怪，為什麼？因為 UNIQLO 的設計簡單明瞭、老少咸宜。

與此同時，柳井正在公司內部強化了品質管制體系，讓產品不僅價廉還能物美。當經濟危機來臨的時候，當泡沫經濟崩潰之際，人們放棄了奢華的享受，開始回歸理性消費的時候，UNIQLO 必然成為消費者追捧的品牌。

但規模增長的速度和資金永遠是一對矛盾，作為零售企業，UNIQLO 也面臨這樣的問題：一方面，價格低廉迎來了不斷擴大的銷售額，而採購人員必須以最快的速度判斷哪些商品能迅速賣出去，不至於積壓庫存，但這種判斷往往面臨著失誤的風險。

柳井正以為，解決這個問題的關鍵就是，塑造自己的產品，不為市場所左右。柳井正也在尋找新的出路。有趣的是，在 UNIQLO 剛剛成立的前幾年，柳井正的偶像是香港的 Giordano 佐丹奴。那時候 Giordano 非常火爆。這家公司起初也是給美國服裝品牌做代工的，之後才開發了自己的獨立品牌。

柳井正以 Giordano 為偶像，開始了 UNIQLO 發展的第二階段。這就是建立自己的廣告、銷售和店鋪設計團隊。這個團隊雖然不是隸屬於UNIQLO，但都為UNIQLO提供解決方案。同時，柳井正開始引入加盟的方式，他啟發加盟商的口號是：人口十萬的城市，店鋪面積在兩百平方米，就能實現年銷售額兩億日元的目標。一九八六年十月，UNIQLO第一個加盟店在日本開設，第二年，UNIQLO的另一家直營店也風風火火地開設了。到這個時候，UNIQLO的店鋪共有七家，一年銷售額達到了二十億日元，稅前利潤為六千五百萬日元，在那個經濟開始滑向低迷的年代，這個成績相當不錯。在接下來的一年裡，UNIQLO的店鋪又增加了七家。

上市的陣痛

柳井正這時候心緒有些複雜。他常常站在店鋪門口，看著人群往來，一件件衣服被買走，一套套新的服裝又不斷輸入進去……腦海裡浮現出的畫面是二十四歲時候的自己接手家族生意，多年反復耕耘，堅守創新，才讓生意得以不斷擴大，而擴大的背後是不斷採購原材料、設計新款、發單生產、新店開業……他能預見到自己的店面和品牌很快能覆蓋日本，但之後呢？他希望有更加廣闊的新世界。

UNIQLO 決定上市，把它的衣服賣向世界。

但同時，柳井正意識到，公司上市的前提是要進行必要的改革，因為隨著店鋪不斷增加，規模像疾馳的列車一樣飛速前行，體制內部積壓的矛盾和問題就會顯現出來。作為一家上市公司，必須能做到，即使柳井正突然消失了，UNIQLO 依然能正常運行，像一顆恒星一樣永遠散發光芒。

柳井正如是開啟了他的改革之旅，他重新規範了公司各個部門職能，裁撤多餘機構，員工都要明晰自己的任務和責任。確定了 UNIQLO 店鋪的規模和標準，包括店鋪的面積、銷售額、員工數量、庫存等等。有了對每一家店面的規劃，就可以對未來增加店鋪的速度做一個更加精準的規劃。

在管理層面，柳井正下令設立一個監督機構，參照豐田的品質管制模式來規範改革的每一個環節，從採購、銷售、庫存到店鋪運營，這個機構一旦發現問題，立即處理、整肅。

更加重要的一項改革是，UNIQLO 改革了 POS 支付體系，以前那套系統不過是收錢、出貨而已。新的系統不僅能收錢，還能涵蓋商品資訊、售後資訊，這樣就能有效觀察消費者對產品的態度。縱橫零售業多年的巨鱷 Walmart（沃爾瑪）就憑藉著這套體系迅速瞭解消費者的喜好，不斷提升顧客體驗。更具意義的是，這套體系能及時回饋每一家門店的銷售業績，同時能及時補貨或者撤掉不受青睞的產品，減少庫存。

「這場改革就是一場風暴，每個員工都被洗刷了一遍。當時公司能夠進行這麼大規模的變革，正因為我自己是個經營外行，腦海裡沒有那麼多框架和束縛，勇往直前。」

柳井正一直以為，自己早年的成功是基於直覺判斷加上年輕氣盛，而到了公司上市之前，他才認為自己成為一個真正的企業家了，因為，他意識到，這樣一個穩固的體制，即使是他歸隱山林，公司也能吐故納新，良好生存下去。

一九九一年九月的一天，東京的天氣還有些炎熱，能帶來涼意的秋雨尚未來臨，柳井正決定抓住夏日最後的熱情，燃起員工的理想。

他在狹小的 UNIQLO 辦公室裡宣佈：公司名稱正式從「小郡商事」更名為「迅銷」，同時，柳井正告訴大家，為了公司儘快上市，必須擴大開店規模和速度，之後三年裡要開設一百家店鋪。

一年開設三十多家店鋪，這對UNIQLO的員工來說，就是天方夜譚。在柳井正宣佈這個決定的時候，UNIQLO的連鎖店也才不過三十家，且是經過了多年經營才實現的。員工們都以為老闆瘋了。

為何柳井正決定要不惜一切代價開店、上市、籌措資金呢？因為當時日本的收稅制度非常苛刻，幾乎讓UNIQLO的發展陷入停滯狀態。翻閱當年的日本稅法大概就知道柳井正的苦悶了。

按照稅法規定，如果一家公司連續兩年的利潤超過十億日元，利潤中的六成要用來負擔各種稅金，更要命的是，前一年稅金的一半必須在當年的中期繳納。而對於零售業來說，現金就是天，利潤再龐大，手裡沒錢，心裡也慌亂。所以，柳井正決定孤注一擲，讓公司上市，募集社會資金，從而繼續擴大規模，征服世界。柳井正在《九敗一勝》一書中詳細描述了自己當時的蛻變：「與經營者相比，我還只是一個生意人，所以，我必須一邊準備企業上市，一邊抓緊把自己打造成一個經營者。」

在他看來，生意人跟路邊攤子沒什麼區別，無非是錢物交換，做大了就是大規模的交換而已。而經營者必須有遠大的理想，看得見喜馬拉雅山背後的樣子，能洞悉海底深處的色彩，能透過時間看到未來的自己。

當然這一切並非能通過占卜完成，經營者必須「能夠制定嚴密的經營計畫，帶領企業迅速成長，擴大企業效益」。

在飛速發展的背後，是UNIQLO不斷完善的製造和管理體系。柳井正希望在公司上市之前，能把UNIQLO變成一個高速運轉，同時能不斷更新的機器，他就是一個機器操控者，按下電鈕，一切都能連動起來。

UNIQLO的生產模式對現在的企業來說，都有著難能可貴的參考價值。在這個巨大的產業鏈條上，UNIQLO負責產品設計，然後發送設計方案給長期合作的工廠，製作出來的衣服由UNIQLO全部買斷，發送到店鋪，然後再把店鋪的銷售情況回饋給公司，由此來制定下一步商品企劃和設計的方案。在每一個環節中，監督委員會都會發揮自己的才智，儘量減少那些不受歡迎產品的浪費，也能及時停止生產。

接下來，柳井正就開始制定公司長遠的發展計畫。柳井正有一個寫得密密麻麻的筆記本，裡面記述著公司的遠景目標和要實現目標的途徑。很多人都是知道，日本人是手賬控，即使在移動互聯網時代，日本人也無法擺脫手寫筆記的習慣。柳井正就是這樣，到現在，他還保持著手寫的習慣。

這個筆記本裡面當時明確寫著，要在三年內，讓UNIQLO的店鋪達到一百家，銷售額突破三百億日元。「目標不能定得太低，得有遠大理想，只要你有一個周密的計畫，即使聽起來有些誇張的目標也能實現。」

三年一百家店

當然，這個過程絕對不是一帆風順的。柳井正在實現三年目標過程中，遇到最大的困難就是資金問題。為了擴大規模，UNIQLO需要跟銀行融資，但二十世紀九〇年代初期，泡沫經濟襲來，銀行業在收緊貸款額度。當柳井正要求長期合作的銀行支援他的宏偉目標的時候，這家銀行卻告訴他：泡沫破碎了，UNIQLO最好能穩健發展。如果實在需要貸款，就去別的銀行問問吧。

柳井正很誠實，他立刻去別的銀行尋找幫助，通過抵押貸款的方式，有兩家銀行願意給他提供融資。這樣一來，之前那家銀行不願意了，居然聯合了UNIQLO的董事要求柳井正停止融資。

需要補充一句日本企業的融資環境。在中國或者美國，銀行和被貸款的公司是對等關係，互相之間不干涉業務。但日本比較奇特，銀行希望能跟企業共同成長，甚至把接受貸款的企業當做自己的關聯公司來看待。

所以，當柳井正提出換銀行的時候，老主顧自然不滿意，甚至怒火中燒。但柳井正想得很簡單，他認為，銀行提供貸款，我付你利息，完全是對等關係，大不了我收回抵押物，不再貸款就是了。

這樣一來，老主顧銀行更加崩潰了，畢竟UNIQLO也是一家優質企業，在整個經濟形勢都慘澹不堪的時候，還能快速發展，值得投入。

於是，經過柳井正漫長的博弈和抗爭，最後，有三家銀行為其提供抵押貸款，保證資金充裕，迎接上市。

一九九二年四月，柳井正關閉了最後一家西裝店，至此，UNIQLO徹底蛻變為一家經營休閒服飾的品牌。員工們內心有些惆悵，在他們心裡，這家店是UNIQLO

創業的根基，雖然是一個不大的鋪面，卻代表著UNIQLO的精神。但柳井正說，我們得忘記過去，才能開始更精彩的人生。

第二年，UNIQLO直營店達到八十三家，加盟店七家，銷售額兩百五十億日元。第三年，公司在宇部市購買了新的大樓，改變了過去狹窄的空間，而且員工散佈在宇部市各地。「這樣可以隨時看到大家，節省了溝通成本。」

到這一年的四月，UNIQLO已經突破了百家店鋪的目標，提前完成了計畫。七月十四日，這一天是法國大革命紀念日，UNIQLO也開始了自己的革新：公司正式在廣島證券交易所上市，每股定價為七千兩百日元，這在當時泡沫崩潰的日本已經是天價了。用柳井正的話說，公司上市第二天，就有一百多億日元現金進入了公司帳戶，這讓他興奮不已，激動得像個收到大筆零花錢的孩子。

UNIQLO上市之後，股價一路飆升，幾度漲停，第二天，股價就翻了一倍還多。不到兩年後，UNIQLO又成功在東京證券交易所上市。

其實在關於UNIQLO和柳井正的資料中，容易忽略一點，UNIQLO的輝煌自然跟柳井正的努力、決斷、堅韌有關係，但大環境也不可忽視。UNIQLO實現飛躍的時候，正是日本經濟戰後遇到最大困境的時候，泡沫破碎，很多人的財富一夜縮水，所剩無幾。在此之前，日本到處是高爾夫球場，街上都是名牌奢侈品，高端酒店鱗次櫛比。泡沫破碎之後，人們開始追求簡單的生活，這必然使得UNIQLO有廣闊的發展空間。再加上這個品牌的產品價格雖然低廉，但品質經得起推敲，款式雖然遮罩了時尚風潮，但簡約的設計更能經得起考驗。

有趣的是，大概是多年之後，UNIQLO又迎來了它新的發展高潮，那就是走向全世界，而這個高潮的背景是二〇〇八年席捲世界的金融危機。

當然，柳井正作為UNIQLO的締造者，已經成為全球經營者心中的偶像。他身上優秀的基因很多，但最重要的一點是善於學習。早期他向香港的服裝企業學習，還多次訪問美國的貝納通，他向麥當勞學習連鎖企業的管理模型，引入POP系統（Point Of Purchase的縮寫，意為賣點廣告），這一切整合在一起，就是UNIQLO的生產模式：標準化連鎖＋休閒服＋自助式銷售＋迅銷。

柳井正熱愛讀書，美國國際電話電信公司首席執行官哈樂德・傑寧撰寫的《管理》一書被他奉為圭臬，這本書最核心的觀點是：「讀書時，是按照從開始到結尾的順序看，但是商業經營卻正好相反，應該從終點目標出發，一步步地推理到最初階段應該做什麼，然後為了到達終點，盡全力做好眼下的事情即可。」

UNIQLO 的三年一百家店鋪計畫的推進，大概便是這本書帶給柳井正的啟迪了。

很多人說，UNIQLO 的成功是時勢造就的傳奇，不斷縮水的日本經濟和日本人手裡的鈔票，讓這個品牌橫空出世，但如果經濟恢復了，它的生存空間就會不斷縮小。

但事實並非如，UNIQLO 還在不斷擴張。因為柳井正抓住了人們的剛性需求：誰都不會排斥物美價廉的產品。奢侈品高高在上，自然擁護者無數，但價格美好、材質舒適的 UNIQLO 自然也不會缺少追捧。在日本市場，日本職場男性每年會購買一到兩套西裝，價格都在十萬日元以上。而他們每年會購買十件左右的休閒服裝，包括外套、襯衫、毛衣等。價格不菲的西裝搭配物美價廉的 UNIQLO 襯衫已經成為日本上班族最佳的選擇了。

另外，柳井正用一個詞揭示了 UNIQLO 成功的秘密：工匠之心。

從一九九九年開始，UNIQLO 推出了匠心工程，目的就是全程監控產品的品質。

UNIQLO 那時候走的也是中國製造代工的路，柳井正非常擔心，隔著一片大海，能否讓產品按照日本的標準生產。於是，柳井正創造性地派遣一批老的手藝人（技術工人）到中國工廠，監督生產環節。一開始，中國工廠對這個制度頗有微詞，有個人在你身邊指手畫腳當然很不舒服了。但隨著時間的推移，人們發現，這些老的手藝人雖然看似古板，但對技藝一絲不苟，還提升了工廠的製造水準，讓人讚歎不已。

這就是 UNIQLO 的獨特之處，匠心的本質其實一方面是對技術的鑽研，另一方面，是技術的分享。古代那些匠人們，不僅僅負責技術研發創新的責任，還需要把自己的技藝傳遞給徒子徒孫們，讓好的手藝得以延續。UNIQLO 這種派遣制度正是匠心精神的體現：不僅僅能給自己製造好的產品，還能提升合作夥伴的技術水準。

柳井正的工匠之心還體現在對服務細節的嚴苛上，另外，他在服裝行業的偉大創舉是引入了技術概念。他把形形色色的技術基因植入服裝裡，他曾經說過，我們的競爭對手不是 GAP，而是蘋果公司。

第七章 東方哲學救經濟

老子、孟子和孔子

越是在整個經濟形勢低迷、黯然無光的時候，人們對價格就越發敏感。UNIQLO和無印良品找到了市場新的靶心，才獲得了成功。但總的來說，它們獲得巨大增長的原因在於探索和發現，而另一個日本最負盛名的企業家稻盛和夫則是衝進既有的封閉環境中，以冒險精神塑造了新的可能性。

他被稱為日本的經營之聖，他一生創辦了兩家世界五百強的公司，他寫作的書籍簡單明瞭，甚至沒有任何文采可言，但照樣被世界頂級企業家和創業者們奉為聖經。起初，他熱衷於用世俗的語言來描述自己的經營思想，那個階段，他更像平民出身的松下幸之助，後來，他不斷深入思考，觀察世界，把自己的想法融會為一整套經營哲學。

他的人生當然就是一部傳奇，除了經營上的巨大成功，他因為熱愛佛教而毅然受戒，因為得過癌症並且戰勝病魔，也成為人們精神上的導師。

他在耄耋之年，接管了連年虧損的日航公司，並且又一次讓這家瀕於滅亡的企業獲得了新生。你問他，如何能一路成功？他故作深沉地緩慢回答：敬天愛人。

他曾說：「在公司管理、科技創新這些技術層面應該向歐美公司學習；而在企業道的層面，應該向日本學習，但更重要的是向中國的哲學裡面尋找答案。」

道，諱莫如深，但又涵蓋一切；老子說，孔德之容，惟道是從。悠悠萬世，對於道，我覺得高山仰止，難以解釋和敘述。老子一生的思想，後世幾千人還在不斷求索。而這個經營之聖所說的，也不過是道的一點而已，但足以改變世界了。

稻盛和夫對於商業世界的意義在於，他成為亞洲經營思想的代表人物，讓一種根植於亞洲，或者說中華傳統哲學的商業思想得以確立，並且證明了他的成功。

稻盛和夫的創業故事無須贅言，關於他早年的艱辛，中年的果敢和耄耋之際敢於迎接新的挑戰早就被人們反復書寫；還有他的所謂阿米巴的理論，敬天愛人的思想也被無數次闡釋。他自己創辦了盛和塾，專門傳遞商業思想，讓無數企業家從中受益。

這是一個極好的方式，它不同於浮躁的商學院，而是類似於孔子的傳道方式。

從更廣闊的社會層面來說，稻盛和夫擺脫了企業存在的目的是為了賺錢的窠臼。一九八二年，稻盛和夫五十二歲，他決定第二次創業，試圖打破日本電信業壟斷的局面。當時日本剛剛實行通信業民營化的舉措，而稻盛和夫意識到，這個行業能給日本帶來更加廉價的通信費用和更優質的服務。於是，他要求董事會給他一千億日元創業，進入通信行業。當時，他創辦的京瓷公司的現金儲備是一千五百億日元，所以，董事會成員都不支持他，因為他們認為稻盛和夫根本不瞭解這個行業。

而對於稻盛和夫來說，瞭解不瞭解不重要，重要的是自己第二次創業的目的。他把自己關在幽暗的房間裡，一次次問自己，創辦通信公司到底是為了什麼？經過漫長的思考，他認為自己已經「私心了無」，既然他的財富來自於社會，那麼也應該用財富回報社會，即使失敗了，也是一次偉大的嘗試。

於是，在董事會的重壓之下，他依然堅持己見，甚至下跪懇求董事會認可他的想法。兩年之後，DDI 公司成立。

在這個過程中，能看出稻盛和夫遵循知行合一的思想。他一方面審視自己，忘記私心，一切以回報社會為己任，讓自己有強大的使命感；另一方面，他不是一個空談的理想主義者，而是仔細思考利弊，規劃出公司發展路徑之後的選擇。

比如，當時壟斷日本通信業的NTT公司有著一百多年的歷史，年銷售額四兆多日元，通信基站遍佈日本各個角落，它像一艘巨大的航空母艦，難以撼動。稻盛和夫自己的比喻更加貼切：「我有點像風車前面手持長矛的唐吉訶德。」

企業家的遠見最重要，有時候遠見也憑藉直覺。稻盛和夫為了獲得支援，遊說了著名的電機企業牛尾電機，還獲得了同樣被稱為經營之聖的盛田昭夫的支持，最後，有五家公司成為DDI公司的股東。這些人在認識上和稻盛和夫保持一致：必須打破電信業的壟斷，為消費者提供更好的服務。另一方面，他們認為稻盛和夫既然了無私心，必然能塑造一個偉大的公司。

一九八四年秋天，很多公司都瞄準了電信行業。一家原國有的鐵路公司成立了日本電信，憑藉已有的鐵路網路，搭建了自己的通信網站；而豐田汽車也跟道路公團合作成立了日本高速通信公司。稻盛和夫親自去拜訪國鐵總裁，希望能獲得他們的支持。

但他得到的答覆是：「通信這事兒跟我們沒關係，你只能自己做。」同時，道路公團也不支持稻盛和夫的提議。

稻盛和夫勃然大怒，他斥責國鐵：「國鐵的鐵路沿線原本就屬於國家，搭設通信網站是為民眾服務，有什麼理由拒絕呢？」但憤怒無法改變事實，日本的國有企業根本不把民營公司放在眼裡。

人人都會有一部自己的電話

時間一直推進到一九八六年，深受困擾的稻盛和夫終於找到了一個新的機會。當時，NTT公司和新成立的通信公司已經把新幹線沿岸的網站瓜分殆盡，稻盛和夫決定在偏僻的地方開闢通信線路。偏巧此時，NTT公司提出可以提供一條還沒有被佔用的線路。稻盛和夫意識到，長期壟斷的NTT公司擔心一家獨大最後會被拆分，所以不得已才願意資源分享。即使如此，稻盛和夫也決定抓住機會。

接著，稻盛和夫派遣原京瓷株式公社的員工負責搭建中轉站。值得一提的是，當時負責中轉站的員工對於通信完全不懂，稻盛和夫告訴他們：完不成搭建任務就不要回來見我。

這種簡單粗暴的方式的背後，是稻盛和夫誓死完成使命的決心。員工們覺得他不近人情，因為從土地談判到收購再到設施建設都不是簡單的事情，更何況，搭建中轉站要面臨難以想像的自然阻礙，比如五米深的積雪，狹窄的山路，與世隔絕的深山老林……但員工們為了還能見到他們的偶像，必須克服這些困難。這些年輕員工把這個事業當做一場戰役，大的設備用直升機運送，小的東西就肩扛手提，穿越雪山草地到達目的地。結果，本來預計三年完成的建設項目，兩年零四個月就順利完工。

事後，稻盛和夫這樣總結說：人的靈魂可以被磨鍊也可以被污染，人的精神可以變得高尚也可以很卑微，這取決於我們人生的態度，也就是我們準備如何度過我們的人生。

初戰告捷之後，稻盛和夫發現了一個新的增長點。當時日本的車載電話由於太過笨重而廣受詬病，所以很多電信公司決定改變這種狀況。

稻盛和夫馬上召集董事會成員開會，宣佈要進入這個領域。「人人都有一部自己電話和只屬於自己的手機號的時代遲早會來臨。」這是稻盛和夫的英明決斷，在那個還不知道手機為何物的年代。

而當時，移動通信最佳的載體就是汽車。所以稻盛和夫準備進入這個領域，但他還是遭到了董事會的一致反對。

這一次，稻盛和夫沒有下跪懇求，而是說：「既然大家都反對，所有的責任由我自己來承擔吧。」DDI公司高層瞠目結舌。

稻盛和夫的設想是：利用DDI公司已經有的長途電話網路在各地建立網點，打破NTT公司的壟斷地位。再簡單點說，就是依靠移動終端來佔領市場。但這個想法依然困難重重：第一，在各地建立網點非常艱難，日本國土雖小，但以DDI公司的實力，依然佔據著廣大區域。第二，各大通信公司也在紛紛尋找突破點，力圖在這個新領域淘金。第三，也是最重要的一點，當時頻帶使用還有限制，在地區，除了NTT公司，只允許一家公司進入。

開始，稻盛和夫想與其他公司合作共同開發市場，但大家各懷鬼胎，難以合作。後來，稻盛和夫想了一種公平有效、童叟無欺的方式——抓鬮決定誰能獲得開發權。這被日本郵政省斥責為「兒戲，不嚴肅」。

在這個時候，稻盛和夫又想起了自己創業的初衷：了無私心，為民眾服務。惡性競爭，爭權奪利的結果，是損害民眾的利益。於是，稻盛和夫退一步海闊天空，他提出不再參與東京圈和日本中部的競爭。這樣一來，DDI公司只佔據了關西等幾個地區的市場，跟高速通信比起來，市場整整少了一大半。

這個計畫，連胸中有江山的盛田昭夫都不理解了，他問稻盛和夫：「哪裡有把好處給別人，自己撿破爛的事情？」稻盛和夫的回答是：「能撿到破爛也是本事。中國有句古話，將欲取之，必先予之，退一步海闊天空。」

既然在區域上和資源上不佔優勢，稻盛和夫思考的就是，能不能在資費上擊敗對手。當時日本各大通信公司都採用NTT公司制式，價格昂貴，入網手續費也高達十七萬日元。稻盛和夫認為，只有從制式上改變這種情況，才能讓國民享受便宜的服務。

於是，他引入了Motorola開發的TACS制式。這種制式誕生於美國充分競爭的市場，且資費便宜。一九八七年夏天，DDI公司在關西的通信公司正式成立。九月，DDI公司的長途業務也正式啟動。當時如果想享受DDI公司的長途資費，必須在電話號碼前撥打0077。過了一段時間，稻盛和夫發現，這種方式太麻煩，使用者體驗很差，於是，他研發出一種適配器，只要安裝在家裡，就可以不用撥代碼。事後，稻盛和夫推出了免費租賃適配器的業務，立刻獲得了市場的巨大勝利。

當時，DDI公司提供的服務資費非常便宜，比NTT公司便宜30%，而且不用繳納保證金。在開始營業的前三個月，就有一萬多用戶入網。同時，DDI公司推出的MicroTouch手機也引發了購買狂潮。到了一九九五年，日本移動用戶有一千萬人，DDI雖然只佔據偏遠地區，但他們的使用者已經高達一百九十五萬人，而占領東京等優勢市場的IDO的用戶不過一百三十萬而已。

在接下來的日子裡，稻盛和夫不斷更新服務、設備和網路，還與世界上知名的通信公司合作，把更加優質的技術引入日本。值得一提的是，DDI還在沖繩建立網路，這個地方雖然美不勝收，但市場並不大，而稻盛和夫以為，即使不賺錢，也應該讓那裡的市民享受通信服務。

一九九三年九月，DDI在東京證券交易所上市，第一天交易額就達到五百五十萬日元，比公募價格高出了一百八十萬日元。這一年正好是DDI公司成立的第九年。

第二次創業成功，自然有無數人向稻盛和夫請教成功之道，諱莫如深的他還是回答那四個字：敬天愛人。

但從其經歷來看，更重要的是：知行合一。這是日本自戰國時代之後一直秉承的思想精髓。無論是明治維新時期的精英豪傑，還是後世的商業奇才，都深深懂得知行合一的重要性。知行合一源自明朝王陽明的「心學」，當年王陽明被貶官到了貴州農村當一個芝麻綠豆的小官，面臨著土匪橫行，正規軍隊消極怠工的險惡環境。王大師招募了一群如狼似虎的草寇與土匪鬥爭，最後取得了巨大勝利。之後，他兩手空空憑藉著超群的智慧又平定了甯王的反叛，成為大明朝不二功臣。

他也善於總結自己的思想，他的名言是「知行合一」。他懂得很多人生的道理，也能將這些道理轉化為實際的力量來完成自己的使命。他批評了朱熹「存天理、去人欲」的想法，提出，天理人欲都是客觀存在的，都是不可回避、無須回避的。

他心懷天下大事，也善於因勢利導，不一味蠻幹。這一點和稻盛和夫很相似：心中了無私欲，只為了讓民眾享受優質服務而努力；在行動上有長遠打算，有近期目標，不以一城一地的得失干擾自己的理想。所以，即使在偏遠地區，他也獲得了讓人歎為觀止的成功。

如果說，敬天愛人是他經營哲學的道，那麼不向現實妥協，另闢蹊徑，堅持己見，就是他在術這個層面的成功因素。

稻盛和夫最推崇的書籍是澀澤榮一的《論語與算盤》。澀澤榮一建構了日本明治維新之後的商業思想體系，他提出，賺錢不是企業存在的目的，目的是造福國家和民眾。所以，他認為一個好的企業家一方面應該用《論語》中「仁」的思想規範自己的行為；另一方面應熟悉商務邏輯，在商業世界裡賺取利潤。有人統計過，澀澤榮一的一生幫助創辦了五千多家公司，但沒有一家是完全屬於他自己的。他把自己的生命獻給了樹立日本商業倫理的偉大事業。從思想上改變人們，比賺取財富更讓他興奮和激動。

稻盛和夫都是這些思想的完美的繼承者。比如澀澤榮一提出，競爭的真諦不是為了打敗對手，而是能通過競爭給民眾更好的服務。稻盛和夫通過與通信產業巨擘NTT公司的競爭使得日本通信成本大幅下降，民眾還能享受更好的服務，不能不說澀澤榮一的思想對他造成了深遠影響。

阿米巴是小蟲子

遵循知行合一的觀念，這是稻盛和夫在「精神」層面的追求，在經營的「術」的層面，稻盛和夫開創了阿米巴經營理論。

阿米巴經營聽起來有點形而上，但其實並不難理解，它解決的是大企業病。稻盛和夫創辦京瓷（京瓷株式公社，以下簡稱京瓷），不久就發現，當公司員工超過一百人之後，就不太好管理，事必躬親把他累得生不如死，於是稻盛和夫想，能不能把這一百人分成不同的小組，每個小組都由一個組長來統領。這個聽起來也不新奇，很多工廠車間都是這麼幹的。但稻盛和夫的創舉是，讓每一個小組都獨立核算。

這樣一來，就出現問題了。財報這個東西不是誰都看得懂的，稻盛和夫明白這個道理，他認為，公司財報本來就有很多沒用的資訊，對於基層員工和管理者，應該制定一個簡單明瞭的財務體系：每個月花了多少錢，賺了多少錢。就這麼簡單。

稻盛和夫自己開發了一個新的財務體系：單位時間核算表。簡單得就跟家裡記帳簿一樣清晰明瞭，用每個月的收入減去支出，來得出每一個阿米巴部門的經營情況。這一體系對抗的是很多大的製造商企業讓銷售員來定價的弊端。比如說，公司主管發現去年成本提升了，就下令：明年成本削減10％。全體員工忍饑挨餓、節衣縮食，節省了成本。可是到了銷售端，為了把東西賣出去完成業績，或者為了在競爭中勝出，就壓低產品價格，最後，還是虧損銷售。

稻盛和夫對這種方式深惡痛疾，他曾經說，製造業的使命就是造出好的產品，通過技術研發來降低成本，而不是玩數字遊戲。阿米巴經營的優點就在於，先對產品、零部件的市場價格有所瞭解，然後通過技術開發，讓每一個環節的成本降低，提升產品和零部件的附加價值。比如說一個賣酸辣粉的攤子，生產粉條的供應商發現其他家的粉條更便宜，於是就努力提升技術，讓自己的粉條成本下降，那麼酸辣粉店的老闆買了便宜的原料，自然價格也就會降低。只不過，阿米巴經營是通過在一個公司內部分裂成小集體來完成這個過程。

所以，阿米巴看似是把一個大集團分割成小部分，但實質上是讓各個組織聯動起來，實現1＋1大於2的目標。

這種方式還有一個好處，就是能充分調動生產環節每一個人的積極性。因為每個月收入多少、花了多少錢，都一目了然，這就改變了大公司那種財務報表就是給領導看的弊端。

還有，阿米巴經營的一個關鍵問題是，哪些部門應該形成一個獨立的組織。這個問題其實沒有標準答案，需要經營者的直覺和不懈地鑽研。比如，當時京瓷決定自己成立一家物流公司。以前各個子公司的物流都是外包出去的。但也有人反對，認為專門成立一個物流公司弄不好會提升成本。稻盛和夫決定試試，結果是，集團整體的物流費用降低了20%。這說明，即使各個部門都在努力縮減成本，但從整體來看，依然存在浪費的現象。

說到這裡，很多人會提出一個新的問題：阿米巴經營既然提倡獨立核算，那個各部門為了實現自己利益的最大化，會不會影響公司的整體利益？答案是有可能的。比如，銷售部門為了提升銷售額，答應客戶的降價要求，但生產部門就怒了。降價容易，但成本降低卻很難。這個問題怎麼解決？

稻盛和夫給出的答案是：哲學。

很酷吧？其實稻盛和夫的意思是，要通過「洗腦」，向員工灌輸正確的企業價值觀：「正直，不說謊」。在這個哲學框架下，決策者必須從公司利益出發，做出合理的判斷。

如果一旦發現有人說謊，或者為了一時的利益做了假報表，稻盛和夫老師絕對會不留情面地嚴懲之。

通過這種方式，京瓷內部真的形成了一個公開、透明和坦誠相待的氛圍。另外，稻盛和夫也曾經說過，京瓷獎勵員工的手段不是薪酬。也就是說，一個阿米巴這個月銷售很好，也不見得能拿到豐厚的報酬。按照稻盛和夫的說法，對員工最好的答謝就是肯定和鼓勵，如果部門業績優秀，那每一個員工都會受到表揚，這種精神勝利法更有效。

當然，物質刺激也不是沒有，但類似於京瓷這樣的公司，更注重給員工提供一個長期的物質體驗，而不是銷售抽成這麼簡單粗暴的方式。

這種經營模式和歐美公司形成了鮮明對比，但各有優勢，不好一概而論。歐美那種績效考核制度，的確能激發員工的鬥志，成果主義根深蒂固，幹得好就賺得多，非常簡單，但也粗暴。稻盛和夫提出，在公司業績好的時候，賣得多賺得多當然是好事兒，但成果主義一旦遇到銷售下滑時期就會成為弊端：士氣低落、員工流失、惡性循環。

再加上日本這個民族非常同質化，不喜歡出頭，強調集體主義，一個人業績太好難免會被嫉妒，嫉妒擴大化，就會成為矛盾，影響公司整體發展。所以，稻盛和夫認為，通過哲學式洗腦、鼓勵才能讓企業長久發展，無論順境還是逆境。

稻盛和夫的故事告一個段落，對於他的描寫並非為了書寫他個人，而是希望敬天愛人、知行合一的思想能影響更多人。稻盛和夫的理論異常豐富，恐怕當今企業家能建構如此龐雜商業體系的人鳳毛麟角，特別是能把商業思想上升到哲學層面的也鮮有人在。

再後來，稻盛和夫患上了胃癌。當時，他的妻子因為感冒去做體檢，稻盛和夫順便也做了一下檢查，結果卻發現胃部出現了問題。事後，他坦言：上帝很眷顧我，若不是因為妻子感冒，我也不會這麼早就發現自己得了癌症。

手術完成後，稻盛和夫出家修行，在之後又接受邀請，執掌瀕於破產的日航，讓這家公司扭虧為盈。

在稻盛和夫的事業高歌猛進的過程中，也面臨多次經濟危機。比如，DDI公司在創立之後不久，就遇到了泡沫經濟崩潰，京瓷也遇到了新的困境。這時候，稻盛和夫提出了兩點解決方案：

第一，全員行銷。「全體員工都應成為推銷員。不同崗位的員工，平時都會有好的想法、創意、點子，這些在蕭條時期不可放置不用，可以拿到客戶那裡，喚起他們的潛在需求。號召對行銷完全沒有經驗的現場生產人員去賣產品，過去向人打招呼都會臉紅的人、只會埋頭現場工作的人也要去拜訪客戶，拼命爭取客戶的訂單。正是在蕭條期讓全體員工都懂得要訂單有多難，經營企業有多難，特別是行銷部門以外的幹部，讓他們有切膚般的體驗是很重要的。」

第二，全力開發新產品。「蕭條時期客戶也會有空閒，也在考慮有無新東西可賣。這時主動拜訪客戶，聽聽他們對新產品有什麼好主意、好點子，對老產品有什麼不滿或希望，把他們的意見帶回來，在開發新產品和開拓新市場中發揮作用。」

稻盛和夫在很多場合都講過這個故事。

有一位行銷員去拜訪某家漁具製造企業，看見一種釣魚的魚竿附有卷線裝置，其中天蠶絲線滑動的接觸部位使用金屬導向圈。這位行銷員注意到這一點，提出建議：「你們魚竿上與天蠶絲線接觸的金屬導向圈，改用陶瓷試試怎麼樣，一定非常適合。」

用原來的金屬圈，如果用力拉，魚線會發熱斷裂，換上陶瓷圈後則不會斷裂。從此這家漁具企業決定立即採用陶瓷導向圈。

這一新產品對蕭條期京瓷的訂單、銷售額的擴大做出了很大的貢獻，而且效益繼續擴大，現在凡是高級魚竿，全都用上了陶瓷導向圈，並普及到全世界。它價格並不高，但直到現在每個月仍能銷售五百萬個，對京瓷的經營做出了巨大貢獻。

稻盛和夫還強調，在經濟低迷的時候，也不能放鬆生產效率。因為越是在別人懈怠的時候，越應該以快捷的速度「造物」。

第八章 那些用戶體驗之神

樂天是一種基因

在一個成熟的商業環境裡，故事應該有另一種可能性，就是回歸到產品、服務、思想本身，商人趨利避害是天性，但他們應該靠自己提供的美好世界來獲取掌聲和歡呼。

日本樂天是一家龐大的電子商務公司，在相對成熟的商業環境裡，這家公司曾經驕傲地宣稱：我們的目標就是給使用者最好的體驗，而最好的體驗就是交流。

樂天市場（RakutenIchiba，以下簡稱樂天）不同於遍佈世界的亞馬遜，亞馬遜太過龐大，並且具備最領先的技術優勢，是典型的極客[11]帝國；它也不同於淘寶，淘寶太過紛繁，琳琅滿目，良莠不齊。樂天市場更像一個集市，它強調購物者個人的體驗和愉悅的感受，而不是單純迅速發展的規模和效率問題。三木谷浩史第一次網購是在遙遠的一九九六年。當時他通過一個剛剛創辦的電商平臺上購買了幾盒泡麵，品嘗之後，讚不絕口，就像網站上其他購物者的評價一樣。那時候，三木谷浩史意識到，雖然交易的手段還比較原始，但網購的時代已經來臨了。

同一年，馬雲剛剛失去他創辦的「中國黃頁」，進入北京一家公司工作。十四個月之後，他選擇了離開，繼續創業，才有了後來的阿里巴巴。

而三木谷浩史在第一次網購的六個月後就推出了自己的電子商務平臺——樂天市場。「給中小商家一個很容易在網上開店的機會。我們收取固定的月費，商家也可以支付額外的費用來做廣告和推廣。」這和後來馬雲創辦阿里巴巴的思路如出一轍。

相比樂天，亞馬遜更像是一個巨大的零售超市，將一本書或者一支鋼筆送到你的手裡，背後是一個龐大的系統和無數人參與其中，而這個過程已經成為流水線作

11　是英文單詞geek的音譯兼義譯。這個詞在「美國俚語」中意指智力超群，善於鑽研但不愛社交的學者或知識分子，含有貶義，因為極客常常醉心於自己感興趣的領域，可以犧牲個人衛生，社交技巧或社會地位。但近年來，隨著網際網路文化興起，其貶義的成分正慢慢減少，但這個詞仍保留擁有超群的智力和努力的本意，又通常被用於形容對計算機和網絡技術有狂熱興趣並投入大量時間鑽研的人。所以俗稱發燒友或怪傑。如電腦怪傑（ComputerGeek），技術／科技怪傑（Techno-geek），玩家怪傑（gamergeek）等。

業，很少出現一絲一毫的錯誤。

樂天市場則是另一種風格，它把日本人幾乎「滅絕人性」的服務標準引入電子商務世界中來。事實上，在日本，無論是微不足道的小超市，還是國際化標準的麥當勞，都能感到細緻入微的服務，即使你只買了一本書，店家都會耐心地給你免費包上書皮，讓你覺得閱讀是一件非常有儀式感的事情。

難怪很多年前管理學大師德魯克就說，日本是最早提出以客戶為導向的商業國家。以客戶為導向的根基無非就是現在人們掛在嘴邊的「用戶體驗」。樂天剛剛成立的時候，亞馬遜還只是賣書，而許多商業財閥已經開始佈局電子商務，但大都沒有找對方向：IBM 成立了 WorldAvenue 的線上購物網站，入駐品牌包括戶外用品 L.L.Bean、北美著名零售商 Hudson's Bay 和 Gottschalks。但是這個模式被證明比較棘手，IBM 在一年之後停止了這個項目，因為商家抱怨它的網站上到處都是 IBM 的標誌，而且 IBM 也不是零售商和顧客間的有效仲介。

樂天決定改變這種方式。「我們對線上商鋪收取六百五十美元的月費，比起那些大型的線上商場，這個費用簡直是九牛一毛。我們允許商家定制他們的使用者介面，而不是適應我們設計好的介面。我們鼓勵他們直接與顧客互動，因為我們發現能夠講述個人風格、能與買家進行溝通的商家，生意都不錯。」三木谷浩史的思路一直延伸到了後來的淘寶，「親，包郵哦」這種淘寶語系也是從樂天借鑒而來。

有個有趣的故事是，當時有個賣雞蛋的老農希望在樂天市場開店，而管理員告訴他，在網上賣雞蛋可能沒什麼前途，因為超市裡的雞蛋已經足夠新鮮了。老農不屑一顧地說：「超市里的雞蛋一般都會存放一周到兩周，早就不新鮮了，我可以保證在客人下單之後隔夜發貨，要比超市迅捷多了；而且我賣的是有機雞蛋。」於是這位老農正好成為樂天第一百個商家。此後，他開始在樂天市場撰寫「養雞日記」。他會把牙籤插進蛋黃裡，如果蛋黃足夠堅固能讓牙籤直立，意味著雞蛋的品質非常好，這批雞蛋才可以出售。他的故事讓人們饒有興致地嘗試他的雞蛋，而一旦顧客從他那裡買過雞蛋以後，就會持續性購買。

對於擁有幾千家商鋪的分散式大賣場，一個潛在的負面因素是商品品質良莠不齊或者服務出現問題。

但是樂天找到了避免這些問題的方法。「我們有一套嚴格的開店申請篩選流程。

我們監控交易，提供調查專案讓消費者能夠對店鋪進行回饋，如果一家店鋪持續收到差評且無法改善，我們就會讓它關門。如果貨物沒有送達，我們會提供退款。」

這就是樂天的商業邏輯，簡單直接但又充滿創意，其根本的出發點其實非常簡單——為使用者提供最好的服務和產品。

樂天真正做到了重視用戶體驗。創業之後不久，三木谷浩史從資料上看出，日本人消費有一個特點：喜歡購買那些百年老店的食品，用戶黏性很強。於是，樂天市場開始整合老店資源，形成了一個 B2B2C 的平臺，借助網路優勢，讓那些老店煥發新的活力。二〇〇〇年，樂天收購了搜尋引擎公司 Infoseek，並且正式更名為樂天市場。

另一方面，樂天開始進入金融領域。剛開始，樂天跟餘額寶的打法差不多，通過價格戰進入證券領域，緊接著，樂天開始引入流量，通過積分、髮卡等方式，把使用者吸引到樂天平臺。很快，樂天成為日本第二大網路金融服務商。

樂天怎麼玩互聯網金融

樂天向金融領域拓展的第一步是於二〇〇三年十一月收購了「SFG證券」公司，共花費了三百億日元取得該證券公司96.67%的股份；接著，樂天在二〇〇四年七月四日把公司名稱變更為「樂天證券」。收購當年九月開戶數日本第三，開戶數14.7萬左右，現在樂天證券開戶數超過一百三十萬。

樂天希望收購的證券業務可以與樂天集團電商等業務形成相互促進，讓證券業務為樂天帶來更多的會員，讓樂天線上零售平臺「樂天市場」積累的大量會員轉化為證券業務的消費者，通過互聯網的方式，讓證券投資變得更為方便，從小眾逐漸普及，並通過提供金融服務擴大集團的業務範圍。

樂天最聰明的地方在於，它通過會員積分來實現證券業務和電商業務的融合。簡單來說，你可以通過樂天證券的投資來獲得積分，然後積分可以在樂天市場購物。這個策略效果非常明顯，在收購證券公司的一年後，通過樂天市場而投資樂天證券的會員就增加了60%，這說明電商平臺引入的證券會員效果非常明顯。

樂天對證券的定位是日本第一的網路證券公司，而當前樂天證券排在SBI證券之後，是日本第二位的網路證券公司。樂天證券主營的業務有日本國內、國外股票，以及投資信託、債券、國內外期貨、外匯、基金、貴金屬等。

當然網路證券的本質還是證券，網路更多是創新的銷售途徑，所以網路證券受整個投資市場情況的影響會比較明顯。而且二〇一五年年初隨著雅虎日本入局證券業務領域，未來市場競爭將更為激烈。

中國的第三方支付寶由於支付方便，是個潛力股。而在日本，由於信用體系較為完善等原因，日本線上零售市場前三位的支付手段是信用卡、貨到付款、銀行轉帳。在日本，支付工具目前幾乎沒有什麼市場（日本經濟產業省的統計結果）。對七成交易都是通過信用卡來支付的樂天市場而言，信用卡是把控消費資金來源的重要支付手段，與電商業務關係緊密，信用卡於樂天而言就好比支付寶對阿里巴巴一樣重要而不可或缺。同時，消費者在樂天市場的消費記錄可以成為發行信用卡的授信依據；信用卡業務將為樂天帶來手續費收入等營收增長點；另外，信用卡不僅可以線上上消費，也可以線上下消費，線上線下消費獲得的積分可以通用，一張卡片打通了線上和線下的消費場景，勢必成為樂天 O2O 部署的利器之一。因此，樂天將樂天信用卡作為其金融發展的絕對核心，投入了大量的資源。

二〇〇四年九月，樂天以七十四億日元收購信用卡貸款公司「AOZORA卡」，二〇〇五年六月又以一百二十億日元收購信用卡發卡公司「國內信販」，開始發行信用卡「樂天卡」。

信用卡主要有兩大功能，一是消費支付，二是信用卡貸款，如果支付寶「信用支付」未來面向線上線下所有商家開放，那麼在消費支付方面已經大致等同於信用卡，只不過可能支付寶「信用支付」沒有卡片載體，而是將手機作為載體，甚至是完全沒有載體的。二〇〇九年二月，樂天收購了日本第二個誕生的網路銀行eBANKCorporation，二〇一〇年五月將其更名為樂天銀行，目前樂天銀行是日本最大的網路銀行，截至二〇一五年二月底，開戶數達到四百二十二萬，吸收存款八千一百多億日元。銀行吸儲功能為樂天帶來了大量資金，存款資金池裡面的錢可以源源不斷地為樂天的業務拓展補充能量。使用樂天銀行提供的服務獲取的積分可以用於線上購物等其他服務，通過其他服務獲取的積分也可以支付銀行手續費。

eBANK於二〇〇〇年一月成立，二〇〇一年七月取得銀行牌照，核心業務是互聯網結算，當時沒有融資業務。二〇〇五年十一月開始涉足投資信託業務，二〇〇六年十二月開展外幣普通存款業務，匯兌等手續費業界最低，網路銀行的低成本為其帶來了競爭力。二〇〇六年 eBANK 開始發行借記卡。

二〇〇九年，eBANK 被樂天收購。樂天首先看中了其業界領先的支付結算能力，可為樂天數千萬會員帶來更為便利的支付結算體驗；其次是可以充分利用樂天龐大的消費者群體，開發個人貸款、住宅貸款、電子錢等金融產品。依靠樂天龐大的用戶優勢，eBANK 納入樂天旗下一年便成功扭虧為盈。

目前樂天銀行業務帳戶分為個人、個體業者、企業三類，業務涉及借記卡發行、境內外轉帳、支付、日元存款、外幣存款、髮卡、存取款、匯兌業務、個人貸款、住宅貸款等眾多領域。樂天銀行自己並沒有設置自動取款機，但其發行的借記卡可以在日本全國大約六萬台自動取款機上取款，且無須手續費。對於在樂天開店的店鋪來講，在樂天銀行開戶最大的好處就是可以每天收到樂天的結算款項，資金周轉迅速。

樂天銀行的「超級貸款」是面向個人的融資信貸產品，於二〇〇九年四月推出，申請人可以是消費者，也可以是個體戶。樂天銀行不提供面向法人的融資貸款，但是法人代表可以以個人的身份向樂天銀行申請貸款。「超級貸款」不限制用途，最高可以獲取五百萬日元的貸款，對除了個體戶和法人代表以外的一般消費者，兩百萬日元以下的貸款不需要提供收入證明，無論是否有正式工作都可以從樂天獲取貸款。樂天集團曾於二〇〇六年與「東京都民銀行」達成合作協定，面向中小企業和個人提供貸款，開設「東京都民銀行樂天支店」，但該業務於二〇〇八年年底關閉。到目前為止，樂天是世界第三大電子商務市場，僅次於亞馬遜和 eBay。

7-Eleven 的用戶體驗

如果說，電子商務的飛速發展迎合了這個互聯網的時代，那麼幾乎與此同時，對傳統零售業表示悲觀的想法一直喧囂塵上。但事實總不會那麼簡單，7-Eleven 便利店就展現了一種新的可能性，它依然作為人們生活中不可或缺的一部分而健康發展，這一切都得益於鈴木敏文的經營哲學。

7-Eleven 已經成為日本消費文化的一個代表，但其實它來源於美國。它的前身叫南大陸制冰公司，誕生於一九三七年，主要製造冰塊。後來為了擴大經營規模，這家公司開始售賣洗衣粉、麵包、雞蛋、優酪乳等日常用品。十年之後，這家公司更名為7-Eleven。這個名字的含義是，宣導一種早睡早起的生活，早上七點起床，晚上11點睡覺。另一個含義是，它能包容你一天的生活。

到了一九七七年，7-Eleven便利連鎖店發展到五千家；一九八五年，「美國7-Eleven便利連鎖集團」在美國加利福尼亞州設立了五個流通中心，不僅在加拿大、墨西哥、義大利直接經營，而且在日本、香港、臺灣、馬來西亞、澳大利亞、泰國、韓國特許經營，成為便利店中無可爭議的王者。

大約在這個時候，鈴木敏文的生命開始和7-Eleven產生了交匯。

鈴木敏文生於一九三二年，三十歲的時候進入伊藤洋華堂工作。幾年之後，他有機會參觀了7-Eleven在美國的店面和物流中心，深受觸動。雖然當時日本便利店遍佈全國，但他依然發現，7-Eleven模式有其獨特性：獨特的選址戰略、培養利潤意識極強的加盟夥伴、隨時增加經營品種、喜歡和善於並購……

「它的最大特點就是不像超市，以低價競爭來博得消費者的歡心，而是憑藉商品銷售管理來尋求發展的零售新業態。其連鎖管理、效率化店鋪、豐富的零售經驗，真是太有魅力了！」但當時伊藤洋華堂的董事會顯然並沒有被這種魅力所懾服。他們以為，日本零售市場幾乎沒有新的空間了，雜貨鋪鱗次櫛比、大超市隨處可見、百元店也層出不窮……但鈴木敏文認為，7-Eleven 最強大的優勢在於它的效率，僅憑這一點就能擊敗同類對手。

他不厭其煩地勸告董事會：日本電器產品也度過了靠低價來競爭的時代，零售業也是如此，必須以一種新的形態來進入更大的市場。

經過漫長的爭論，最終董事會接受了他的意見。一九七三年十一月以銷售額的1％給母公司作為條件，鈴木敏文獲得了「美國 7-Eleven 便利連鎖集團」在日本的地域特許經營權，力排眾議創建起了「日本 7-Eleven 便利連鎖集團」。

接下來，就是 7-Eleven 的神速發展與擴張。一九七五年，連鎖加盟店發展到六十九家，營業額突破了四十八億日元，更為可喜的是福島縣郡山市的虎丸店，創造了二十四小時全天候營業的業界新例；一九八〇年，連鎖加盟店多達一千家；一九八四年，連鎖加盟店達到了兩千家；一九九〇年，連鎖加盟店翻了一倍，達到四千家之多；一九九五年，連鎖加盟店超過了六千家；一九九九年，連鎖加盟店達到了八千家；二〇〇一年，連鎖加盟店發展到九千家……到了一九八九年泡沫經濟崩潰時期，這家公司依然逆勢增長，鈴木敏文託管了 7-Eleven，成為這家美國便利店集團的實際掌控者。

鈴木敏文是個有遠見的企業家，他不僅依靠伊藤洋華堂這個大財閥，而且也敢於和墨守成規的財閥做變革鬥爭。他讓 7-Eleven 成為零售業的王者，其經營哲學不僅僅是對傳統零售業的反思與前瞻，更對電子商務領域有著借鑒作用。

第一是深入人心的用戶體驗。

鈴木敏文制定了「三個中心」運營戰略目標：

以顧客為中心組織經營：在滿足顧客需求的前提下，充分發揮零售業的主導作用，把定制行銷帶到零售業中；以資訊為中心管理商品：充分發揮資訊系統的通暢作用，把資訊行銷帶到零售業中；以效率為中心提供服務：充分發揮差異化服務的廣角作用，把個性行銷帶到零售業中。正是從「以顧客為中心組織經營」的目標出發，鈴木敏文事事處處從消費者的心理出發，尊重購物習慣，體諒消費喜好，不僅將上班族歸類為「加班時經常購買零食為宵夜」的消費層，讓靠近上班族的 7-Eleven

便利連鎖店夜間增加零食；而且考慮到顧客站著購物不易看見下層商品的實際情況，要求每個7-Eleven便利連鎖店的貨架下層擺放要醒目，令顧客一目了然；並根據「單身族」的生活習慣，貼心地開發出禦飯團、迷你火腿、小包裝洋芋片、小袋洗潔精、迷你洗髮精等適銷對路商品。正是從「以資訊為中心管理商品」的目標出發，鈴木敏文全力開發「POS銷售時點」（Pointofsales）資訊系統，建立起了全球僅次於美國太空總署（NASA）的資訊資料庫，精準解讀變化多端的購物心態，從而遊刃有餘地確定了目標客戶群——男性和未婚者。他十分專注於「氣象經濟」，每天固定五次從各個便利連鎖店收集天氣動態資訊，以免對新鮮度要求高的商品因天氣變化而積壓或脫銷。

鈴木敏文要求每一個管理者要對每一種產品、每一個店鋪、每一個員工都要有充分的瞭解。他特別要求每家店鋪都要對員工進行服務方面的培訓，讓他們帶給消費者最好的體驗。比如，7-Eleven也售賣盒飯，有些顧客來晚了，盒飯售罄。這時候，7-Eleven的店員會提醒你，去隔壁的便利店也能買到，有的甚至還告訴你其他商家的哪種盒飯好吃。

這對很多企業來說是難以想像的，就好比你去 Sony 的櫃檯問松下的店鋪在哪。鈴木敏文以為，給客戶好的服務才能獲得他們的認可。他自己也善於聽取消費者的意見，比如，有個顧客給他寫信，說價簽標錯了，但員工當時態度不太好，只是冷冷地說：「標錯了，不是這個價格。」鈴木馬上給這家店鋪寫信，要求整改，犯錯必須道歉。

鈴木敏文的確對大部分產品有著驚人的瞭解，而且他宣導用一種新的生活方式來改善用戶體驗。比如說，經過證明，桃子放在冰箱裡三個小時之後的味道是最甜美的，於是，他就在店鋪裡張貼海報，告訴消費者 7-Eleven 的桃子經過合適時間的存放後口味鮮美；大米也是如此，長時間存放大米會影響口感，7-Eleven 提出，要把大米放在冰箱裡，而消費者每次購買都要適量。

7-Eleven 很多產品是供應商提供的，並沒有寫明使用方法。針對這樣的產品，鈴木敏文要求員工自己試吃、試用，然後為消費者提供使用的方法。

比如，他們曾經售賣過一種速食麵，包裝上沒寫使用方法。鈴木敏文讓員工逐一試吃試泡，結果找到了最佳口味的水量，然後貼了一個小告示貼在速食麵的包裝上，告訴消費者怎麼泡。還比如說糖果，每次有新產品來，鈴木都會要求員工觀察，糖果幾天會化開，然後提示消費者要在幾天之內吃完。

由此，我們不得不欽佩日本人對服務的追求，所謂「用戶體驗」便是如此。

第二，防止銷售額至上。

這一點非常重要，可以說，正是放棄了單純追求銷售額的策略，才讓 7-Eleven 安全度過了泡沫經濟時期，並且逆勢增長。在經濟高速發展的時候，銷售額自然不用費勁就能隨勢而漲，但到了低迷時期，提升10%銷售額都極為艱難。鈴木敏文的策略是，注重利潤率的增長，減少庫存。「剔除銷售不好的產品，只賣那些好的產品，所以我們必須用嚴苛的目光來審視庫存。」

其實鈴木敏文沒有什麼特別好的方法，就是「審視每一件商品，仔細思考」。他要求每一個店員都要彙報每一件產品的銷售情況，那些不好賣的東西要迅速被清除。他提出了「單品管理」的概念，這是一項複雜的工作，但的確能提升利潤率。

鈴木敏文還指出，除了控制數量，更要緊的是提升產品的品質。他舉了一個例子，比如 7-Eleven 不斷更新紅酒杯的樣式，有店員說，附近的很多人都買過了，為什麼還要更新？鈴木敏文的回答是，只要產品好，一定會有人不斷買新的。事實也是如此。

鈴木敏文對單品的管理精細得令人震驚。7-Eleven 推出的紅豆飯廣受歡迎，但剛開始推出的時候，味道相當一般。鈴木敏文讓負責紅豆飯的員工進行了仔細調研，最後發現，紅豆飯用蒸籠蒸才會激發紅豆的香味，而當時店裡都是用水煮。於是，鈴木敏文下令，每家店鋪都購置大型蒸籠，一時間，日本大街小巷都彌漫著紅豆味兒。

在關注產品方面，還有個故事引人深思。當時，有個主管向鈴木敏文推薦新業務，他說，零售業現在幾乎飽和，要想持續發展，就要進入新的領域，比如開個飯館什麼的。鈴木敏文問他，你吃過 7-Eleven 的便當嗎？這位主管說，沒有。鈴木訓斥他說，如果連自己的產品都不夠瞭解，不想著提升已有業務的品質，即使讓他去幹新的行業，也肯定不會成功。

第三點，嚴苛的管理。

除了單品管理，在日常管理上，鈴木敏文也從不妥協。他專門印製了「工作計畫表」，讓每一位員工清楚何時做何事，計畫表的橫軸是以小時為單位劃分的二十四小時時段，縱軸填寫的是店員姓名；工作計畫用長條圖的形式在表中體現出來，長條圖的起點和終點分別表示工作的起始時間和結束時間，工作內容填寫在長條圖的中央；工作專案有清掃、訂貨、檢驗商品、商品上架、檢查商品鮮度、陳列商品、檢查溫度、報刊退貨（這是7-Eleven唯一可以退貨的商品）、補充消耗品、貨幣兌換、制定銷售日報，還有「空閒時做其他事」「下班後到車站周圍走走看看」「把東西放回原來的地方」「空閒時不要竊竊私語」等各種指示和提醒語……鈴木敏文十分重視事後的檢查與評估，專門頒行了「工作檢查表」，列出所有作業專案，每個店員對照各個專案的要求檢查自己的執行情況；這種檢查一般以每半個月、一個月、二個月、三個月為單位進行；「工作檢查表」由本人和其他相關人員分別填寫，採用「0」和「X」標度實行兩段式評估，或者用1—3標度實行三段式評估，也有的用1—5標度實行五段式評估……為了規範結算時的待客行為，他專門印製了「待客行為效果表」，要求每一位店員不折不扣地做到：顧客結算時，必須高喊「歡迎您」；面對顧客時，同事之間不能竊竊私語，不能隨便聊天；收銀員要清楚地說明每件商品的名稱、價格，同時結帳；確認顧客預交款時，在未完全算完賬之前，不能把預交款放進收銀機；在顧客購買盒飯或食品時，要詢問「需要加熱嗎」；顧客等待時，一定要說「讓您久等了」；只有一個人結帳，而有很多顧客等待時，要向同事高喊「請給顧客結帳」；當很多顧客在另一處等待結帳時，要說「請到這邊結帳」；加熱後的商品必須手持交給顧客，以保證商品是溫的……

他根據自己多年的經驗，把他的管理哲學命名為「假設與驗證」。這並不是一個什麼玄妙的哲學，比起「敬天愛人」來更加淺顯易懂，但很少有人能在實際工作中靈活有效地運用。

我們試著從 7-Eleven 訂貨系統來驗證一下這個簡單的理論。鈴木敏文認為，持續關注才會有假設誕生，才能得以驗證，而持續關注的核心是專業體系。比如，他先假設，7-Eleven 裡賣的米飯和飯團是不同種商品，所以需要不同的專業人士來管理訂貨體系。這些專業人士的任務就是驗證資料的可靠性，從而提升品質。

基於這個思想，7-Eleven 裡都會有六、七個店員負責訂貨，他們不僅要關注單件產品的銷售情況並完成訂貨，還要從早中晚三個時段來分析貨品的流轉情況。

這個思想的進一步昇華，體現出鈴木敏文對於資料化的獨特觀點。在零售業，曾經有人提出過開辦無人管理超市的想法，也就是說，從進貨到銷售，都實現無人化管理，資料都基於POS機和電腦系統。

鈴木敏文對這種想法不屑一顧，他堅持認為，POS機和電腦系統，都需要人的掌控才能煥發生機，單品管理才能讓商品和服務具有靈魂，打破消費者的疲倦感。

伊藤洋華堂高層每週都會一起午餐，吃食是從一家高級餐廳訂來的外賣，味道不錯，但吃的次數越多，大家就越覺得乏味。鈴木說，這就是消費者的疲倦感。他認為，就食品來說，要考慮大家不同的口味。很多店鋪認為，涼麵這東西適合夏天吃，清爽可口。但很多商家沒想到的是，天冷的時候，吃慣了那些暖心暖胃的食品，偶爾也想吃口涼麵去去火。這就跟大冬天裡很多人愛吃冰淇淋一個道理。

所以，驗證假設這個理論的核心，其實還是從消費者出發，不放過任何細節。

第四點，關心那些看似沒用的東西。

比如氣溫和天氣的濕度。鈴木以為，這些看似與事業無關的事情恰恰能發現人們生活方式的改變。其實這個觀點真的很簡單，比如天氣變冷了，大家就要開始喝熱咖啡；天氣熱的時候，人們就需要喝涼爽的飲料。但能做到這一點其實並不容易。鈴木敏文要求店長每天都要詢問店員，今天天氣如何、溫度是多少，下周呢，下個月呢，全年呢……

這四點，便是 7-Eleven 勝利法以及鈴木敏文的經營哲學。需要指出的是，這幾點並非並行不悖，而是交織在一起進行的，他的核心思想就是：關注顧客的體驗。這不是什麼高深的理論，也沒有玄妙的概念，我為了寫作此文閱讀了鈴木敏文的幾本著作，他的書平實易懂，甚至缺乏文采，但正是這種抓住要害，去掉粉飾的風格幫助了 7-Eleven。你很難想到，世界上最大的便利店集團就是建立在這麼簡單、粗淺、乏味的思想根基之上的。但現實情況的確如此。很顯然，無論是傳統行業還是剛剛崛起的互聯網行業，在一個正常、健康的商業體系下，沒有什麼捷徑可走，只有時刻關注用戶的需求，並且持續改善才能獲得成功。日本企業家對於細節的把控，才是一種真正的極致精神和工匠思維，憑藉著這種精神，他們不僅能塑造高速增長的偉大時代，還能穿越過低迷的經濟沉睡期。比起那些只會製造概念的企業家，他們更值得我們尊敬。

第九章

讓日本人變宅神

從骨牌屋開始

據說，只是據說，在經濟危機時期，能逆勢增長的企業是娛樂公司，比如電影公司，因為人們沒錢去奢侈了，就花錢看看電影過癮吧。還有一種公司，就是遊戲公司，從某種意義上說，日本泡沫經濟的崩潰催生了禦宅族這個概念：隱蔽在家中，以遊戲、漫畫度日。所以，全世界最知名的遊戲公司任天堂的火爆就不難理解了。

而對於任天堂來說，泡沫經濟的崩潰，也讓它經歷了一場深刻的變革，這推動了它在二〇〇三年日本經濟復甦時候，登上輝煌的巔峰。

人們知道任天堂，但很少有人知道，在二〇〇〇年的時候，這家公司已經有了一百一十三年的歷史。這一年，任天堂發生了兩件大事：一個是社長山內溥宣佈退休，當時任天堂有著數千億日元的盈利，他可以算是功成身退；另一個就是，他必須找一位優秀的繼承者。

第二件大事相當困難，因為在任天堂一百多年的歷史上，一直採用家族管理模式，而山內溥希望改變這個傳統，尋找一位合格的職業經理人。

提起這家公司，不少人充滿敬意。七十四歲的山內溥行事專橫、獨裁、不可一世。他的管理風格可以說讓員工愛恨交織：他很少聽取別人的意見，一意孤行；但另一方面，他又把任天堂變成了世界上最偉大的遊戲公司，在他退休的時候，任天堂的產品散佈世界各個角落，無論是高檔寫字樓、豪宅還是酒吧，都有任天堂的棲息地。

任天堂的故事要追溯到一八八九年，那一年，山內溥的曾祖父山內房治郎在京都開了一家撲克牌售賣店，並且命名為「任天堂骨牌」。任天堂骨牌很快行銷全球，原因在於，骨牌設計精美，讓人有一種高檔的感覺。這不得不說山內房治郎有著長遠的眼光：人們一直以為撲克牌是個平民遊戲，無須講究設計和畫面，但山內房治郎認為，日本人對於娛樂的需求會越來越高，要讓消費者迷戀上撲克牌。

其後，任天堂骨牌越做越大，不僅開辦了自己的工廠，還建設了辦公樓。

二〇一四年十月，筆者去京都遊歷，特意參觀了任天堂當年的辦公場所：一座空蕩蕩的兩層小樓，門上掛著一塊不起眼的匾牌：任天堂骨牌。今天，這個小作坊依然在運轉，製作花色紙牌。「雖然紙牌已經不盈利了，但我們需要記住歷史和傳統。」山內溥也會經常在這座小樓附近徘徊。

一九四九年，二戰剛剛結束不久，山內溥繼承了家業。此前他在早稻田大學念書，為了完成家族重任，他選擇了退學。

山內溥上任的第一件事，就是讓家族其他成員退出公司，因為他認為自己必須樹立絕對的權威，七大姑八大姨們必須不干政。

剛剛起步的山內溥也遭遇了不少挫折，比如投資情人旅店、賣便當等等都讓他賠得血本無歸。

一九五一年，美國和日本關係進入了甜蜜期，山內溥抓住了機會，他和迪士尼公司簽署協議，讓任天堂的骨牌上出現了米老鼠、唐老鴨、白雪公主，由此打開了兒童市場。此後，山內溥將公司名稱進行了調整，保留了任天堂三個字——因為人們更容易記住它。

二十世紀七〇年代前後，任天堂開始向電子化轉型。當時山內溥成立了遊戲部，並且研發出了第一款遊戲產品「超級怪手」，它是一個像剪刀形狀的塑膠手，能從家長口袋裡掏出錢來。這玩意兒居然大獲成功，一個假期就賣出了一百多萬個。

接著，任天堂又先後推出了鐳射槍、愛情測試儀等產品，都獲得了巨大成功。同時，山內溥開始向著硬體進軍。他的首席工程師橫井軍平開發了一個偉大的產品：Game&Watch，簡單說，就是掌上遊戲機。它的意義在於，小孩們再也不用跑到遊戲店裡去玩街機遊戲了。

山內溥深受觸動，他督促橫井軍平建立了一個軟硬體開發團隊，而這支團隊在之後的歲月裡開發出了無數迷人的產品。

山內溥強悍的性格讓他意識到，一切都要掌控在自己手中。於是，山內溥開辦了工廠，製造遊戲卡帶，這是因為，山內溥認為，任天堂不僅僅要掌握硬體，還要控制軟體。

同時，任天堂接受了合作廠商遊戲開發公司的軟體產品，但這些開發者必須自己承擔風險，而獲得的利潤大部分都成了任天堂的收益。在那個時候，這個策略的確迅速提升了任天堂的業績，但也為之後開發者的離開埋下了定時炸彈。

之後，山內溥研發的遊戲、遊戲機不斷更新反覆運算，並且打入了全球市場，這個過程就不再贅述了。時間到了二〇〇〇年左右，山內溥開始物色接班人。

當時看似最合適的人選是他的女婿荒川實。第一，他是自己人，符合家族企業的傳承理念；第二，他曾經率領任天堂打開美國市場，在公司內部地位顯赫；第三，他在山內溥淡出管理層後，一直官居董事長兼任總裁。一切都似乎合情合理。

但二〇〇〇年，山內溥意外宣佈，荒川實將退休，「任天堂需要一個新的領導者。」他對記者這樣說。

時間到了二〇〇三年，繼任者依然是個懸念。與此同時，任天堂的股價也跌宕起伏。山內溥認為，任天堂一直受到投資者的認可，這基於兩個原因：第一是公司現金充足，幾乎沒有負債；第二，任天堂的創新能力極強，優秀產品層出不窮。而作為一家上市公司，山內溥很清楚，必須以公開透明的方式告訴投資者公司的每一步發展、每一個決定和每一個可能遇到的困境。特別是在 Sony 推出 PS2[12] 之後，任

12 PlayStation2，簡稱PS2，是索尼於二〇〇〇年三月四日推出的家用型一百二十八位元遊戲主機，日本推出當天即造成搶購熱潮。

天堂面臨的壓力就越來越大。

到此時，有三個人成為新任總裁的熱門人選：一個叫淺田篤，當時六十八歲，此前在Sharp工作；另一個叫森仁洋，五十六歲，在任天堂工作了30多年；最後一位叫岩田聰，《商業週刊》曾經讚譽他是「備受尊敬的遊戲開發人員」。

而外界媒體對任天堂的關注不僅僅表現在繼任者的名字上，大家似乎更關心，在新人上位之後，山內溥是否會全面放權。因為大部分日本公司都保留著元老制度，比如大賀典雄在出井伸之擔任社長之後，依然享有強大的影響力。更何況，任天堂是家族企業，在過去的歲月裡，山內溥又對公司有著絕對的權威。

最後，山內溥終於宣佈，繼任者是比他小三十二歲的年輕領袖岩田聰。「岩田聰對硬體和軟體都非常瞭解，雖然我認為軟體更加重要，但有人的觀點則相反。」也就是說，山內溥選擇了一個折中的方案，而從未來任天堂對硬體的加強來看，他當時的判斷非常準確。

陌生的繼任者

岩田聰身材矮小，戴眼鏡，留著過耳的中分頭，善於言辭，同時對管理有著獨特的見解。

但即便獲得了山內溥的稱讚，外界也還是認為，山內溥在任天堂的領導權不會減弱，甚至有媒體說，岩田聰不過是個傀儡。

這種猜測持續了很長時間。比如剛剛上臺之後，岩田聰和任天堂的遊戲天才宮本茂一起登上了美國電子娛樂展的舞臺，人們對宮本茂追捧有加，畢竟他開發出了影響幾代人的經典遊戲「超級瑪利歐」。而很多媒體從未聽說過岩田聰的名字，甚至還會拼寫錯誤。

但岩田聰沒有絲毫氣餒，他決定用最短的時間證明自己是山內溥最好的繼任者。上任之後，他做了兩個決定：獨攬技術和開發的權力，即使山內溥也不可以干涉；提升任天堂的創新能力，並且要花費大量人力和物力。

他在社長就職演講上說：「無論 Sony 能賣出多少台主機，也不管微軟的目標是什麼，對我們來說，首要的任務是把遊戲軟體儘量做到最好。然後以此來推動主機的發展。」

在實際戰略上，岩田聰也在做出調整，他認為，追求高解析度、優質音效的主機並不是當務之急，而研發出簡單、有趣的遊戲軟體才是安身立命的靈魂；同時，他帶領公司進行轉型，從針對年輕人、老人來開發遊戲，轉變到為有支付能力的公司白領來開發的策略。這一點上，岩田聰、宮本茂和山內溥達成了一致意見。

而山內溥驚訝地發現，這位繼任者不僅作風果斷、乾脆、卓有見識，同時，還有著相當的幽默感。

岩田聰，生於一九五九年，札幌人，與山內溥家族沒有任何關係。在高中時代，岩田聰就對電腦和程式感興趣，他甚至利用業餘時間兼職做程式師，並且自己開發出一個棒球遊戲。

大學時期，岩田聰就開始創業，他和同儕們在秋葉原租了一個公寓，白天上課，晚上開發遊戲。很快這個小團隊被任天堂研發中心 HAL 公司看中，並且邀請他們加入。他們為任天堂開發的《星之卡比》《NES 彈子球》廣受好評。特別值得一提的是，在岩田聰的率領下，這個團隊推出了遊戲 Kirby'sDreamland。這個遊戲對應 GameBoy 平臺，是一款專為初學者而設的遊戲，任何段位的玩家都能輕鬆將它玩通關，該作最早於一九九二年四月二十七日在日本上市，同年八月又登陸美國，大獲成功。這個作品可以說改變了岩田聰的一生。因為從一九九二年左右，HAL公司深陷虧損之中，急需一批遊戲作品擺脫困局。也正是因為這款遊戲的誕生，讓山內溥注意到這個年輕人，並且任命他為HAL總裁。八年之後，這家公司奇蹟復甦，擺脫赤字，並且成為一架強大的賺錢機器。

二〇〇〇年，岩田聰正式加盟任天堂擔任企劃部主管，他的人生發生了巨大的變化。獨斷專橫、一言九鼎的山內溥，和謙遜幽默、不喜張揚的岩田聰建立了一種奇妙的信任關係。山內溥急於把自己的管理知識傾囊相授，而岩田聰也耐心謙和、鉅細靡遺地向這位前輩請教。

二〇〇二年，當岩田聰成為公司總裁的時候，他回憶說：「山內溥先生總是跟我聊一些禪語，有時候我不太懂，但能體會到他對任天堂、對人生的思考。比如，他會說，你想成什麼，便不能成為什麼，但你可以選擇逃跑。我不太明白這些話的含義，但我知道，肩負著任天堂復興的責任，我不能逃跑。」

總之，山內溥對岩田聰無比信任，並且真的將自己的衣缽傳授於他，並非向外界傳言的那樣，將年輕的岩田聰當作傀儡。

在上任之後，岩田聰顯然比他的前任更受人歡迎，他很少發怒，也拒絕用咒罵、罰款或者別的粗暴方式來對待員工，相反，他能深入一線設計團隊，和他們談笑風生；他鼓勵創新，即使是一個微小的創新也能獲得他的褒獎……他尊重那些為公司設計了偉大作品的前輩，比如對於宮本茂，他一直以老師相稱，即使他成為社長之後，也一直將宮本茂作為自己的偶像一樣崇拜。因此，無論是上級還是下屬、年輕人還是前輩，都對岩田聰讚譽有加。

不得不說，這是他強大的人格魅力帶來的結果。

但是，岩田聰剛剛接任社長職務的時候，正是日本遊戲產業一派蕭條的時期，旖旎的風光似乎已經遁去，人們對遊戲似乎越來越不感興趣了。

大名鼎鼎的世嘉公司已經放棄了硬體開發，轉型為一個僅提供遊戲軟體的公司，很多人建議岩田聰也這麼做。山內溥始終不表態，他讓岩田聰自己決定。而後者不願意成為這家偉大公司的葬送者。

二〇〇三年一月，他宣佈：「除非任天堂放棄整個遊戲產業，否則我們不會放棄主機的生產。」這也足見岩田聰的眼光，如果當時岩田聰果斷廢止了硬體生產，那麼，也許我們還能玩到他們開發的遊戲，但我們恐怕就再也無緣遇見美輪美奐的Wii（任天堂公司二〇〇六年推出的第5代家用遊戲）了。

「我就像一個廚師，在給酒足飯飽的國王做飯。」岩田聰當時的心境一定充滿無奈，但還必須要滿懷期待和激情。

對於任天堂來說，給吃飽的人做飯也有技巧，那就是提供不一樣的「菜」。即使你雞鴨魚肉吃飽了，也總不會拒絕甜品或者來杯小酒吧？

他始終堅信，遊戲不是只有小孩子會玩，線上遊戲也不會取代遊戲機。基於這兩點，岩田聰用心地策劃著未來。

一方面，他重新整理與合作夥伴的關係，比如著名的遊戲公司史克威爾。史克威爾原本是任天堂重要的遊戲開發商，但是在一九九六年投奔更加「有錢任性」的公司Sony，而盡人皆知的《最終幻想》就是它為Sony量身定做的，更要命的是，Sony是這家公司的第二大投資者，也就是說，任天堂與史克威爾合作幾乎是不可能的。

但岩田聰卻認為這是可能的。因為利益是最重要的，他說服了史克威爾與Sony達成了一個協定：只要史克威爾與任天堂的合作不會影響SonyPS的遊戲研發，就同意兩者重新合作。另外，史克威爾投資了一家子公司，專門幫助任天堂挖掘那些有盈利潛質的遊戲公司。

接著，岩田聰又開始與世嘉公司合作，經過世嘉重新開發後，那些代表幾代人青春記憶的遊戲《刺蝟Sony克》《超級馬里奧》開始出現在任天堂的主機上。

但這一切都沒有能迅速改變現實。二〇〇三年前半段財年結束時，任天堂虧損兩千六百萬美元，這是任天堂一九六二年上市之後的第一次虧損。

很多年後，岩田聰獲得了無數成功的光環，但他回憶起那一年的陰影，依然唏噓不已。「我們必須找到好的產品，我始終相信，當時的虧損是因為我們沒有好的產品，沒別的原因。」

遊戲帝國大亂戰

岩田聰所說的好產品，就是指下一代任天堂的主機。在主機市場上，任天堂一直是個奇特的存在。因為大部分遊戲廠商的策略就是，硬體虧損，然後依靠遊戲來賺錢，但這種策略的前提一定是，公司有強大的經濟實力，足以支撐硬體的虧損，比如 Sony、微軟，只有它們這種殷實企業才能進入主機之戰。

一九九九年三月，微軟提出了研發 Xbox 的想法，還把這個項目命名為「中途島項目」。說起來，這個名字明顯就是在向任天堂、Sony 挑戰，微軟認為，憑著 Xbox 足以在遊戲市場再來一次中途島之戰，徹底擊敗日本。

那麼，為什麼微軟要做遊戲主機呢？因為他們發現，遊戲主機是霸佔客廳的一個關鍵核心。就好比，現在的很多公司都開始做電視、手機、路由器一個意思，誰能霸佔客廳，誰就能搶佔一個強大的生態系統主導權。

於是，微軟投資了數十億美元、集結了一千多人的研發團隊來進入遊戲主機市場。二〇〇〇年，微軟宣佈，Xbox 將在第二年問世，售價不到三百美元。但外界認為，微軟賣出一台主機就會虧損一百美元，因為遊戲主機的開發就代表著高昂的成本。第二年年底，Xbox 共賣出了一百五十萬台，銷量不如任天堂和 Sony 的主機產品。

更可怕的是，比爾．蓋茲必須要享受巨額虧損的煎熬。當時預測，二〇〇一年，微軟在 Xbox 上的虧損將達到三十七億美元。說實話，直到微軟進入遊戲領域的第四年，業績依然乏善可陳，雖然品牌知名度迅速提升，但從收入上看還是入不敷出。

這種狀況一直到二〇〇八年才有所改變，那一年，Xbox360 的銷量終於把 Sony 的 PS3（PlayStation3）遠遠地甩在後邊，而 LIVE 服務也給微軟帶來了十億多美元的收益。

面對微軟的攻勢，任天堂也在積極應對，尋找出路。岩田聰把下一代神秘的主機產品包裹在「革命」的名義下。

二〇〇四年，各種關於任天堂新主機的猜測喧囂塵上，大體上，人們認為，這款產品將是「小巧、安靜、價格適宜」的代名詞。

但在這款新主機改變遊戲世界之前，任天堂的掌上機 DS 已經取得了巨大成功，它因為內置了簡單、有趣的遊戲而成為老少皆宜的產品。宮本茂認為，這是個好時機，「當別的主機生產商忙著為玩家製作複雜多功能主機的時候，我們給玩家簡單好操作的主機」。

二〇〇六年四月，春風拂面的時候，任天堂的神秘主機終於面世，它的名字叫

「Wii」。兩周之後，宮本茂在美國用 Wii 完成了一次交響樂指揮，而岩田聰則當著美國媒體的面玩了一款遊戲。什麼也不說了，二〇〇六年五月，任天堂的股價達到了四年內的最高值。

接下來我們聊聊這個產品，它沒能改變世界，但的確改變了遊戲行業。它首先是一部綜合遊戲機，待機時間達到了八天，軟體無所不包，體育、遊戲、電子商務盡收囊中。

產品外形輕巧，設計精緻，而且很耐用。整體上是個長方體，加入了吸入式光碟機，一體化設計讓它即使放在電視旁邊也毫無違和感。

而任天堂最重要的設計突破是無線手柄的誕生。技術方面的細節不多說，為了這個手柄，任天堂提出了一百多個提案，而且每個提案都很精彩，比如有人提議，做一個戴在腦袋上的罩子，直接操作；還有人提出，設計成一把扇子的樣子，羽扇輕搖……

最後還是宮本茂這個遊戲老手力挽狂瀾，他告訴研發者，使用遙控器已經成為人們的習慣，這種習慣需要尊重，但創新也不可懈怠，於是，他發明了單手操控的遊戲手柄，而從市場表現來看，他的判斷非常準確。

這款手柄實現了真正意義上的智慧化，在九公尺以內遙控手柄，電視或電腦螢幕就會立刻接受指令，幫助操作遊戲。而且，它還可以承受十公斤左右的衝擊力，大家都有這樣的經歷，玩遊戲有時候就是拿手柄出氣，瘋狂按鍵也是玩遊戲的樂趣之一，任天堂尊重這種粗暴的行為，讓手柄足夠承受玩家的發洩之力。當然更重要的，還是這款手柄革命性地實現了真正意義上的尊重用戶體驗。他讓玩家從沙發、床上解脫出來，讓遊戲成為一種健康的活動——你可以站著、運動著用無線手柄操控遊戲——一切看起來都是完美的，都是對傳統遊戲的徹底顛覆。特別是宮本茂設計的《板球》遊戲，的確讓遊戲和體育運動實現了無縫連接。

如此一來，父母再也不擔心玩遊戲會影響身體了。

那麼，Wii 的售價是多少?它的價格是兩百五十美元一台，遠遠低於 Xbox 的售價。而且據分析，賣出一台機器，任天堂就能獲得五十美元的利潤。這源自於任天堂在遊戲領域強大的資本和合作夥伴。而到了二〇〇六年年末，發售日比 PS3 晚了整整三周的 Wii，銷量就超過了 PS3 和 Xbox。PS3 上架十三天才賣出不到二十萬台，而任天堂的這個資料則是四十七萬台。完勝！

而Wii銷量大獲成功的關鍵還在於，它捕獲了一大部分起初不玩遊戲的人。比如老年人，他們不喜浪費，拒絕奢侈。而廉價的Wii正是他們所需要的產品。這和任天堂的宣傳也有密切聯繫，比如，研發團隊進駐到養老院、醫院，甚至監獄。他們特別開發了「退休人員保齡球」遊戲，一下子就獲得了老年人的熱愛；他們開發的「腦力鍛鍊」遊戲讓家庭主婦們欲罷不能……

說到這裡，你大概能明白岩田聰的策略了：即使是在一個看起來已經變成紅海的市場，也能找到藍海，然後把它變成紅海。在他剛剛擔任公司社長的時候，岩田聰就提出，遊戲不是只給小孩子玩的，應該老少皆宜。但那時候，無論是市場、股東還是員工，都充滿著質疑之聲。沒人相信遊戲市場會擴寬。但他卻做到了。

接著，我們再看看Sony的PS3吧。在此之前，遊戲產業為Sony帶來數十億美元的利潤，但第三代遊戲機的誕生，卻讓Sony陷入深深的困惑，既有的輝煌、積累的財富、廣受讚譽的口碑都開始受到前所未有的挑戰。

但起初，Sony的想法堪稱偉大。這台配備了Cell處理器技術以及藍光播放機的新主機本來是打算和Sony的其他產品捆綁在一起，在一個大的互聯網概念下，讓Sony的各個產品都獲得不俗的銷售。但實際情況是，主機產能不佳，研發也成了問題，合作廠商開發商認為Sony的開發工具價格昂貴，很難讓它們贏利……而大公司內部的鬥爭也愈演愈烈。PS主機的締造者久多良木健曾經為Sony創造了一次次的輝煌，但也招來共公司內部對他的不滿——這個熱愛遊戲的「壞小子」不懂得左右逢源，他甚至直接指出「讓Sony那些老傢伙們離開Sony」，這些不合時宜的言論迫使他被孤立，成為孤家寡人。

最終，Sony的總裁霍華德．斯金格讓久多良木健離開了Sony。接著，Sony遊戲業務虧損超過了二十億美元。直到今天，Sony依然沒能擺脫困境。

到二〇〇八年，任天堂的銷售額高達一百六十八億美元，而股價從岩田聰上任開始，到二〇〇八年飆升了38%，這個優秀的成績，讓全身而退的任天堂大股東山內溥登上了日本首富的寶座。此時，站在一旁的岩田聰一定志得意滿。

第十章　日產征戰海外

神奇的卡洛斯・戈恩

和Sony相比，日產汽車似乎走向了另一個方向，它引入了一位法國人做公司總裁，居然奇蹟般地讓這家公司復甦了。到目前為止，可以說，日產汽車是日本國際化的典範，雖然它體量沒有豐田那麼龐大，但小而美似乎是它的特色。而且，這家公司也一直在擺脫日本企業固有的模式。當然，這個過程絕對不是一帆風順的。

客觀地說，自從克萊斯勒總裁李・艾柯卡成為汽車業界傳奇人物以來，沒有一位汽車主管能像日產總裁戈恩這般吸引同行及其他行業的注意。

他扛下有史以來最令人觸目驚心的企業整頓大任，僅以兩年時間便讓岌岌可危的日產汽車脫離破產邊緣，再度扭虧為盈。這是一項震撼全球的非凡成就，因為他是一位西方人，卻成功改造了一家觀念閉塞、作風保守的日本巨型企業。

卡洛斯・戈恩，是出生於巴西的黎巴嫩後裔。他一進入企業界，就展現出商業巨星的閃亮光輝，被譽為「神奇小子」。他先後在巴西、美國、法國及日本大刀闊斧拯救過四家公司。

這位被譽為國際汽車業的當代「艾柯卡」，日本漫畫家筆下的「超能量明星」，全球十大管理奇才中的「鷹眼總裁」，名震天下的製造業「成本殺手」，其實，在很大程度上，他依然是個謎。過去十幾年中，關於他的報導的數量可能只有傑克·韋爾奇、稻盛和夫能與之相比。但「中子彈傑克」意味著已經結束的光榮時代，婚外情的緋聞更打破了這個原本完美的句號，而戈恩卻代表著仍未展開的遠大的前程，直到現在，日產汽車銷量依然保持健康增長，這家公司穿越了經濟繁榮、蕭條的流轉，立於不敗之地，至於那些茶餘飯後的話題，對戈恩來說就無關痛癢了。

當年，筆者剛剛成為一名財經記者的時候，曾經多次採訪戈恩，也曾在多個場合聆聽他的演說，他在我採訪的大部分人當中極為特殊。他甚至讓我覺得，探索一個傑出人物的成功秘密是一趟興奮、疲倦也可能毫無結果的旅程，即使在我之前的文字中充滿著這種意味，但在我內心深處依然知道，我們總是被表象所迷惑，用一廂情願的理解左右著我們的思維。

關於戈恩的描述幾乎是雷同的，他是一個在巴西出生，擁有法國國籍的黎巴嫩後裔，熟練地掌握四門語言。從一九七八年至今，他領導過米其林公司與雷諾公司不同地區的分支機搆的工作。一九九九年，他以一個外來者的身份成為日產公司的首席運營官。在一家傳統根深蒂固的日本公司，這個自稱對日本毫不瞭解的外國人創造了奇蹟。他不但使日產扭虧為盈，而且幫助已陷入谷底的日本商業世界重新恢復信心，他自己則成為一貫排斥外來文化的日本社會的偶像。

日本媒體《讀賣新聞》曾經這樣讚譽戈恩：在過去一百五十年的歷史中，可能只有三個外籍人士對於日本社會產生過如此顛覆性的影響：一八五三年的美國海軍準將佩里，一九四六年的麥克阿瑟將軍，還有今天的卡洛斯．戈恩。

但是卡洛斯．戈恩對此即使不是渾然不覺，也沒有表現得太過在意，或者是他刻意掩藏住了內心的得意。在有些方面，他像極了傳記作家斯蒂芬．茲威格在《人類群星閃耀時》中描述的人物，他們執著於自己的激情與發現，卻無意中撬動了一場更為廣闊的運動。與李．艾柯卡（他經常成為卡洛斯．戈恩的類比）不同，戈恩缺乏自我膨脹的欲望。儘管他穿梭於全球的商業領導人會議，在公共電視臺做講演，將記者邀請到東京的公寓和他一起共進早餐，但他從不將自己塑造成商業政治家或是先知的模樣，他對超越他所在領域的話題所做的發言非常謹慎。

他強調願景（Vision）的重要性，卻喜歡從具體的細節開始著手。在面對過分宏大的主題時，他會明確地告訴你他不知道。一個令人印象深刻的採訪發生在一家阿拉伯報紙與他之間，前者拼命想知道這位具有多元文化背景的商業領袖對於阿拉伯商業世界的看法。這絕對是場有趣的對話，在回答每一個問題時，我們的戈恩先生總是事先加上「坦白地說，我對此並不十分瞭解」。

戈恩的管理哲學的一個自相矛盾之處是，它在被過分神秘化的同時，卻簡單得沒有太多的探索空間。媒體熱愛戲劇性的描述，使他的成功看起來不可解釋。他是一個外國人，之前絲毫不瞭解日產與日本社會，但他用一年時間就實現了銷售的扭虧為盈。與此同時，人們在探詢他的成功秘密時，卻從未發現什麼真正新奇的東西。他是一名「成本殺手」，這樣的稱號適合很多《商業週刊》封面上的商業領導人，但他們中的很多人也因此而失敗；他對不同文化的理解的確令人欽佩，但在管理學領域，這個課題至少已經被研究了好幾十年，管理學家比他更善於總結它的特性；

他擁有遠見，這是個多麼無趣的答案，哪個傑出領導人不需要遠見？他的了不起的跨部門團隊（Cross Functional Team）或許是一項了不起的方法，但同樣的方法戈恩早已在巴西、美國工作時使用過……

試圖瞭解戈恩，必須首先打破那些漫畫式的看法。奇蹟永遠不可能在一夜之間發生，它是漫長的作用力緩慢積累之後突然爆發的結果。一直到一九九九年之前，戈恩一生似乎都是在為了這個拯救行動而累積經驗。異質的文化對他意味著解放而不是壓抑，他可以輕易地從這一端跳躍到另一端。而日產公司儘管面臨著巨大的困境，也並非如媒體描述的那樣一無是處，它仍擁有領先的生產線，儘管士氣低沉，它的很多員工仍極為出色，蘊涵著巨大的創造潛能……戈恩的行為再次證明了管理學的基本要義——它是常識的勝利。

不斷有人說，戈恩最令人欽佩之處在於，他能夠將複雜的思考轉化成簡單的語言，他提出了膽大包天的計畫，然後又從最細微處不斷檢驗成果。他說他從來不讀管理書籍，這多少是因為管理哲學更像是道德哲學，人人都知道該怎樣去做，卻往往由於性格上的弱點而無法實踐這些想法。

所以，與其說戈恩為危機中的公司或社會提供了解決之道，不如說他為這些危機中的人們提供了希望。戈恩與他的成功故事，更重要的啟示在於他提供了一種成功的信念。這種信念又恰巧與正在變化的社會風潮吻合，也正因此，並非所有拯救沉船的首席執行官都能獲得戈恩這樣的聲譽，拯救的時機也必須恰到好處。

再造日產

一九九六年，當戈恩剛剛加入雷諾的時候，沒人會想到他能帶來無比強大的巨浪。他先是關閉了在比利時的一家大型裝配廠（這是一次痛苦的行動，引發了大規模的抗議），然後利用梅甘娜風景（Megane Scenic）等新車型為雷諾的銷售注入了活力。在此過程中，他收穫了支持、衝突、敵對，但更多的是媒體的褒獎，畢竟他讓一家危險重重的公司煥發了生機。

正是由於他卓越的表現，雷諾在入資日產汽車之後，邀請他改造這家老牌的日本汽車公司。日產汽車是日本一家老牌財閥。鮎川義介是日產汽車的創始人，也是富士財團的掌門人，還是日本風險投資的第一人。鮎川義介生於一八八〇年，山口縣人，東京帝國大學工科專業畢業，迷戀工業技術，熱愛造物。起初，他是一個徹頭徹尾的商業間諜。在大學畢業之後，鮎川義介把學歷證書藏到了箱子底，以民工身份進入美國芝浦製作所工作，領取著微薄的薪水，學習著精湛的技術。

一九〇九年，鮎川義介回到日本，創立了自己的公司戶田鑄物株式會社，這家株式會社以製造汽車零部件而賺取利潤。一九二七年，日本著名的久原財閥加入鮎川義介的公司，合併為日本產業株式會社，核心業務是汽車零部件和礦業，而且日立製作所也是其中一員。

在二十世紀二十年代末期，日本人已經意識到汽車產業是經濟發展的引擎，於是，日產也不甘落後，開始大力發展汽車產業。一九三三年十二月二十六日，由日本產業株式會社出資六百萬日元、戶田鑄物公司出資四百萬日元，成立了註冊資本一千萬日元的「汽車製造股份公司」，鮎川義介任新公司首任社長。

在一九三四年五月三十日舉行的第一屆定期股東大會上，汽車製造股份公司更名為「日產汽車公司」，同時，由日本產業公司接收了戶田鑄物持有的該公司全部股份，「日產」正式成立了。

在泡沫經濟爆發之前，日產汽車一直順風順水，但時間進入九〇年代後，日產只有一年盈利，業績一片慘澹。這時候，雷諾同意以承擔其五十四億美元的債務為代價獲得日產36.8%的股份。當時外界一片譁然，沒人認為一個法國公司能拯救一家日本企業。

這個不可能完成的任務交給了卡洛斯．戈恩。他帶著一家人遷徙到日本——一個他只在報紙上讀到的國家。當時，日產汽車混亂不堪：官僚作風嚴重，生產能力比它能夠銷售的汽車多出將近一百萬輛。採購的成本比雷諾要高出15％到25％。同時，由於它負債超過一百一十億美元，現金短缺……

「日產的問題在於缺乏明確的利潤取向以及對客戶的關注，它把過多的精力放在了追逐競爭對手上，沒有跨越職能、界限和等級通力合作的文化，缺少緊迫感和對未來的共識。」這是剛剛上任的戈恩對日產的判斷。其實這個判斷平淡無奇，大部分深陷危機的公司都來自於這個普世的原因，問題在於，如何改變這一切？

他先是組建了九個跨職能小組，探尋重要職能的內部結構，如製造、採購和工程，以證明他設計復興計畫。為了提高整個公司的合作能力，他在這些小組中吸納了各個部門的員工，而不只是高級管理人員。他還邀請與他一起來到日本的雷諾公司高級經理們加入這些小組。為確保每個人都能相互交流，他將英語定為公司的通用語言。

但整個復興計畫依然充滿著阻礙，大部分人善意地提醒戈恩：要慢一些，要熟悉日本人的工作方式。但戈恩對此不屑一顧，在這個混雜著不同血液的外國人眼中，沒有什麼禁忌不能打破，也必須要打破這一切。日產的美國銷售主管耶德．康奈利評價他說：「他不接受那些關於日本式的古老禁忌，他使人們相信他就是解決方案。」

他先是冒天下之大不韙，改變了日產汽車論資排輩的惡習，引入績效考核制度。當然，這個制度並不是按照員工的銷售業績分配獎金，而是按照員工的成績來分配一些股票期權。這就避免了員工追逐短期利益，而是能從公司整體發展出發來提供自己的智慧。

另外，他廢除了日產內部一直存在的顧問制度。這是很多日本公司的陋習，那些已經退休的元老們依然掌握著公司的一定權力，憑藉著自己的經驗指手畫腳。這是戈恩所不能允許的，他「杯酒釋兵權」，讓元老們頤養天年，同時賦予管理者應有的權威。

清除掉元老們的同時，戈恩開始大規模裁員。他通過退休、裁減冗員、減少供應商等方式削減了一萬多名員工。最要命的是戈恩對供應商無情的打擊，他讓供應商數量減少了一半，剩下的供應商也必須降價來提供服務，以此收縮成本。這在日本公司是難以想像的，我們之前說過，日本汽車製造商與供應商一般是交叉持股的模式，一旦建立合作關係，多年都不會破壞。但這種方式對戈恩來說完全失效，他要尋找那些物美價廉的合作夥伴幫他完成復興大業。

在二〇〇〇年六月日產的年度會議上，一位反對者批評戈恩未在講話前鞠躬，並補充說：「我不想購買一個不會正確鞠躬的人生產的汽車。你應該學習一些禮節。」戈恩回答說：「你是對的。有許多日本的習慣我還不知道，因為我一直在非常努力地工作。我準備在接下來的幾個月裡變得更加日本化。」

但顯然，正是戈恩的非日本化讓日產煥發了生機，他給這家公司注入了一種新的靈魂——顛覆。

他賦予汽車設計師強大的精神動力，允許他們在不考慮製造能力的前提下進行設計，讓他們的靈感無限擴張。他指導從五十鈴（Isuzu）跳槽來的設計師中村史郎將個性注入日產平淡無奇的轎車和卡車設計中去；並且承諾作為日產復甦的標誌（將作為二〇〇三年的新款車型面世），他將重新上馬非常受歡迎的Z型跑車；他還宣佈了一項和雷諾合作推廣小型汽車的專案，並表示他將更換日產的歐洲汽車生產線。

資料顯示，二〇〇〇年日產在日本的銷售份額已經跌至二十七年來最低點17%，第二年又重新攀升至18%。這使得它得以領先於市場份額為13%的本田，卻仍遠遠落後於份額占42%的豐田。但顯然戈恩已經預料到了這一切，他認為，那是別人的戰場，並非自己的利潤來源地。他力圖改善經營情況，塑造屬於日產自己的產品，並且在很短的時間後獲得了成功，也因此，戈恩成為一位神一樣的人物，而人們忽略的問題是，日產雖然問題重重，困難不斷，但其本質上依然彙集著優秀的汽車人才、廣闊的市場佔有率和潛在的技術優勢。只不過，戈恩打破了束縛這些優勢的樊籬，讓日產更加自由地發展。

在荒涼的北美開天闢地

NTCNA是日產在北美的生產基地，其研發能力和生產能力在整個北美市場都首屈一指。它的誕生是在二〇〇八年，而實際上，早在二十世紀八〇年代，這個基地就已經開始醞釀，從那時候起，日產汽車就有邁向世界的野心。一九八七年左右，日產汽車開始和福特進行小卡車的研發合作，公司派遣最優秀的人才遠赴美國，共同開發汽車。這一時期，是日產國際化最關鍵也是最艱難的時刻，最重要的原因就是兩種不同的文化如何相容，相得益彰。如果說，後來戈恩的改革能如此順利，在某種程度上，也是因為日產汽車在戈恩之前已經具備了國際化視野，它對待管理的變革雖然偶有抵觸，但沒有完全拒絕，甚至還表示了尊重與堅持。

起初，NTCNA叫NRD，它的首腦是田昭武曾，當時日產選派他去美國創業，就是看中了這個日本人身上的西方特質。田昭有著超強的演講能力，而且英語優秀，同時熱愛文學與音樂。在日本工作的時候，他就因為待人熱情寬厚而廣受擁戴。

而此時日產高層對走進美國給出了這樣的戰略意義：「我們會以與福特開發小型卡車為契機，逐步創造技術開發者在海外的良好的工作環境。今後技術人員絕不可以做井底之蛙。在美國的成敗經歷絕對會使技術人員獲得巨大的成長。」

當時日產的社長久米豐完全支持這個想法，他說：「即使擔些風險，也應該先於其他公司一步將開發部門發展到國外去。」

可以看出，當時日產對國際化戰略充滿決心。很快，一個十人小組的團隊進軍美國，他們與福特的項目命名為 CR 項目。在短短幾個月後，又有大約四十名日本技術人員來到了寒風呼嘯的密西根州，開始了日產海外創業的艱辛歷程。除了工作人員，還有家屬也湧入了美國。人員迅速膨脹，各種管理工作千頭萬緒，這讓日產美國的核心成員焦頭爛額。

當然這些事情還不是最難的，最難的是要招聘美國本土的技術人員來協助日產。不過要說日產當時真的也很幸運，那時候正好趕上大眾汽車的一部分退出北美市場，一大批優秀的汽車人紛紛來日產面試。

同時，GM 的迪埃因．米勒也加入了日產，這位汽車行業的老將為人謙和，善於處理複雜的人際關係，員工們都管他叫大叔，這位大叔很快成為美國人與日本人之間的橋樑，獲得眾人的信賴。

到一九八八年年末，NRD員工達到了三百人。可以說，他們非常高效地完成了團隊組建的任務。但在實際工作中，這些日本設計師依然感受到了不同文化、工作方式帶來的衝突和矛盾。比如，當時日產選擇了一家美國工程公司進行汽車電腦輔助設計，但很快他們發現，這家公司無法完成任務。倒不是因為美國公司懶，而是因為，在日本汽車公司推崇匠心精神，技術人員需要自己考量零部件各個元素，然後親自設計圖紙，在這個過程中結合生產工序的思考，設計出可行的零部件。但在美國則不是這樣。美國的技術開發人員分工細緻，由工程師、設計師和繪圖師組成，換句話說，在日本一個人完成的事情，在美國則要詳細分工。而且，美國的汽車公司通常不會把開發和設計等核心工作外包出去，最多只是找個公司完成繪圖而已。

於是日產美國調整了策略，讓自己公司的美國人完成整個開發過程。但問題又來了，公司內部的美國員工也有同樣的問題。比如一位從GM跳過來的工程師洋洋自得地說，自己從事汽車開發事業有三十多年，結果，日產美國的高層發現，這兄弟三十多年來一直在做螺絲的標準化工作，連面板圖都畫不出來。

難怪日產領導曾經感慨地說：「在美國，十個人開發一個零件，在日本，一個人開發十個零部件。」

當然，這兩種方式沒有好壞之分，只是工作方式不同而已，細分工作流程也有難以割捨的優勢。而一個人負責多個零部件則利於對人才的培養。

所以對於每一個在美國的日本員工來說，他們約定俗成的工作方式正在受到挑戰，唯一能做的就是從一個個項目中不斷更新自己的認知，與美國團隊達成共識；而美國員工雖然會感覺不舒服，但他們也對日本技術人員知識的厚度、見識的深遠和強大的執行力讚歎不已。

為了交流更加順暢，日美兩國的技術人員耗費了大量時間進行徹底的溝通。日產美國每週都進行一次溝通會，日本技術人員會詳細講解自己工作的流程，並且進行實際演示，以此讓美國人充分理解他們這麼做的緣由。而當兩方意見不合的時候，大家會共同磋商，尋找到新的解決方法。

一位日本年輕的技術人員曾經這樣回憶當年在美國創業的情景：「我工作的大部分時間，都需要拿著圖紙和美國同事一對一地交流。我們的確花費了很多時間用來達成共識。因此，每個寂靜的夜晚，我都在辦公室裡加班，彌補為了溝通而遺留的工作。」

其實，除了讓美國人瞭解日本人的工作方式，日產汽車的高層認為，能支撐起美國市場的，依然是美國的技術人員。因為赴美工作的日本人也就在那裡工作個三、五年，只有長期生活在美國的本地人才能完成日產的大業。

於是，隨著美日技術人員彼此溝通變得順暢，很多美國人也開始身居要職，日產美國的高層向日本技術人員說，汽車文化發端於美國，他們比我們更懂得汽車的真諦。想想，在一望無際的麥田風光中，駕駛著汽車肆意馳騁……這不是典型的美國人的生活方式嗎？

高層對美國技術人員的尊重換來了美國人對日本工作方式的認可。當然，這裡還有一個細節可資借鑒：日產美國在招聘本地員工的時候，會詳細詢問應聘者是否瞭解日本企業的做事方式，並且考量他們能否以最快的速度熟悉新的文化。比如，有一些美國員工曾經在德國汽車公司工作過，這說明，他們本身就有開放的心態，能在短時間內融入不同的工作氛圍中去。

說起來，日產汽車後來能任用一個西方人擔任總裁，正說明他們也在不斷挑戰自我，願意以開放之心迎來新的機會。

內部的矛盾在漸漸消弭，但與合作夥伴福特汽車之間的差異又開始顯現。之前我們說了，日本人的工作方式是以工匠之心完成零部件的開發，他們把它叫「認可圖」方式。起初福特汽車不認可這種方式：「這種方式帶有模糊性，根本搞不懂誰應該對產品負責。敷衍含糊其辭的方式能造汽車？」這是福特汽車工程人員對日產的第一認識。「既然是在美國，當然要按照美國的方式來了。」具體說來，「認可圖」方式是指，一邊與零部件生產者交流，一邊進行零部件的開發和製造。工程人員先從整體考慮汽車的設計和功能，然後以此為基礎反復推敲，同時與生產商共同修改，實現可行性。這種模式在日本非常廣泛，因為日本的汽車廠商和零部件供應商有著血濃於水的關係，不會輕易分道揚鑣，從長遠來看，他們的合作有利於產品的不斷改善。

但美國人理解不了。他們信奉的是「零部件圖」方式。汽車公司與零部件廠商是契約關係，汽車公司獨立完成零部件設計，然後要求供應商按照圖紙進行製造。由於供應商有時候無法按照標準完成生產，很多美國汽車公司都把最核心的零部件交給自己的公司製造，這和日本企業形成鮮明對比。

這個爭論持續了很久，讓福特和日產的合作陷入了僵局。日本員工內部也出現了分化，有人認為，既然是日本公司，就要按照日本的生產方式來運行；而一部分日本人則說，大家在美國創業，就要本土化生產……

最後，還是日產的高層下達指令：入鄉隨俗，日產汽車要引入福特的零部件圖方式。最終才讓這場爭論平息下來。總之，日產和福特在磕磕絆絆中歷練多年，文化不斷融合，思想不斷更新，產品也不斷反覆運算。

一九九九年，剛剛上任的卡洛斯·戈恩來到了美國。他此行的目的就是為了探究，為何日產在北美市場銷售不佳。

在他擔任總裁的前一年，日產虧損高達六千億日元，而戈恩認為，其中最重要的原因就是日產在北美市場表現太差。

此時，距離日產進軍美國正好十年。戈恩到達美國之後，指出，日產全球復興的核心就是北美市場的V字型恢復，北美市場若是無法擺脫困境，則日產全球也將失敗殆盡。

但戈恩也驚喜地發現，日產美國其實開發能力絕不遜於其他公司，於是，他投入了大筆資金，擴充人員，擴建廠房，擴寬思路。

日產進入美國之後，一直在生產卡車，戈恩就任之後，和開發人員共同商議，開發了敞篷卡車，投入市場後廣受好評。接著，又不斷推出SUV車型等一系列適合美國人習慣的產品，都取得了不俗的戰績。

銷量增加之後，新的問題又出現了。那就是人員開始出現不足。這時候偏巧是美國本土汽車公司集體蕭條的時代，於是，日產發佈招聘廣告，對那些當年跳槽離開的人員，允許他們重回日產，薪水翻倍。

很多當年離開日產的技術人員一直鬱鬱不得志。我們說過，在日產，一個人要負責很多產品的開發，而回到美國公司之後，雖然薪水漲了，但成就感每況愈下，再加上經營不景氣，很多技術人員重回日產的懷抱。

到了二〇〇〇年年底，日產北美市場已經實現了盈利，完成了V字型恢復。世人都說戈恩是拯救日產的英雄，這當然毋庸置疑，但日本人對匠心的推崇、強大的學習能力及存續的溝通手段為戈恩的改革奠定了堅實的基礎。

尾聲　在盛開時凋落的櫻花

如果你年收入尚未達到實際年齡的十倍（以一萬日元為計算單位，請自行按照外匯牌價換算人民幣），如果你總認為流行就是展現自我風格，如果你常常吃零食和速食，如果你具備以上的特質，那麼恭喜你，你已經完全融入了「下流社會」。

當年，在日本社會學家三浦展的一本語不驚人死不休的作品——《下流社會》裡，他把很多看似精英的人士無情地踢到了「下流社會」當中。而這裡，「下流社會」並非指那些沿街，或者地鐵中的乞討者，而是指那些逐漸消逝的中產階層。

大前研一在他那本描述M型社會產生的作品《M型社會：中產階級消失的危機與商機》裡同樣指出，原本處在社會金字塔中層的社會中堅，在學歷泡沫、物價飛漲、薪酬增長停滯、貧富差距擴大等各種社會問題的壓迫下，原本有希望躋身於中產階層的一群人反而向貧困靠攏，財富與機遇都呈現向下流的趨勢。

而三浦展則更加無情地揭示了這個階層的慘澹的生活、無奈的處境以及殘缺的夢想：

他們通常拿著比上不足、比下有餘的薪水，過著有車無房（或者有房無車）但卻悠游自在的生活，不很高檔但穿起來也不丟人的名牌服裝，環境清幽的餐廳、熱炒的電影或者盜版碟、流行音樂或者蕭邦、莫札特是他們生活的標籤。

而更多的時候，他們面無表情地在商業區匆匆而過，加班熬夜是他們的家常便飯。面對職業、婚姻等方面的競爭和壓力，不少人選擇了逃避：既不結婚，也不當事業和家庭的「中流砥柱」，而心甘情願地將自己歸入自我滿足的「下流社會」的行列。

英國的社會學家把他們稱為 iPod 一代（iPodgeneration），這裡說的並不是蘋果電腦推出的可下載音樂的 iPod，而是指年輕的一代承受沒安全感（insecure）、壓力大（pressured）、同時承擔過重的稅負（overtaxed）及高築的債務（debt-ridden）四種壓力，自暴自棄就成了他們的生活特徵。

從某種意義上說，這個論調迎合了當下日本人認為自己的國家貧富差距在逐漸拉大的心理，三浦展試圖告訴我們，認為自己生活水準低於社會一般標準的人比從前有明顯增加。而所謂的中產階層正在產生分化，用他的話表述，就是一部分人向「上」攀登，而一大部分人正在向「下」墜落。至於「向下」還是「向上」的標準，就在於你是否正在享受富裕的生活，是否具有獲得更高職位的雄心壯志。而事實上，人們總是希望自己能過上富裕快樂的生活，和那些努力「向上」的人相比，甘心淪為「下流社會」人恐怕還是心態和意識的問題。但是，如果你希望融入「上流社會」，就必須要具有「向上」的理想和承受壓力的能力，而在這個過程中，失去自我也就是必然的了。

三浦展指出，「下流社會」的產生絕不僅僅是個人問題，它對商業模式的影響也同樣深遠。如果這個階層一旦形成，以前面向中產階層的商品恐怕就不會賣得那麼好，而面向高端消費群體的奢侈品可能會獲取更多的利益。

他在接受《讀賣新聞》記者的專訪時直言，對「下流社會」不能簡單地以好或者不好來加以判斷，但是他鼓勵年輕人放棄「反正再怎麼努力也沒有用」的想法，更不要陷入絕望，甚至放棄自己。他認為，希望與現實之間的差距，可以憑著個人努力與政府制度來補強。

雖然三浦展先生一再鼓勵那些「放棄自己的人」必須重拾鬥志，但他並沒有在書中指出邁入上流社會的成功之道，這是否說明聰明的三浦展也充滿了困惑呢？

毫無疑問，這種論調的根源在於泡沫經濟崩潰之後，日本人精神上陷入了巨大的空洞，島國人民特別容易陷入危機感、無望感和消沉的氛圍中。所幸的是，很多企業家依然用自己的努力證明實現自我救贖的可能性，比如我們書寫過的岩田聰、出井伸之，或者是坪內壽夫。當然還有很多品牌也試圖改變今日的日本，比如無印良品、UNIQLO等等。

即使步入暮年的稻盛和夫也敢於接受新的挑戰。最近他在各個場合呼喚日本人要具有「燃燒」的精神，用激情點燃整個日本，實現這個國家的復興。我至今還記得我見到這位老人時候的情景。

在擁擠的人流中，稻盛和夫被簇擁著走入視野。這樣的場面，他已經司空見慣了。在過去的幾十年裡，稻盛和夫因為出色的經營成果成為商界推崇的偶像，他所遇到的擁戴恐怕在當今商業世界裡無人能及。但另一方面稻盛和夫出入於日本寺院，並且接受了戒律成為一名僧人，他善於把自己的經營思想引申為處世哲學。當問他為何能獲得如此成功的時候，老人家經常諱莫如深地回答：敬天愛人。

這基本上符合日本傳統企業家給人的印象：不僅僅在技術層面給人啟示，他們更願意作為你的精神導師，引發你在「道」的層面的反思。松下幸之助是一個世俗哲學家，他的思想核心通俗易懂──「下雨打傘」「木桶理論」；Sony 創始人盛田昭夫則宣導以新制勝，他認為創新才能讓企業保持進取心，不會落於人後。耐人尋味的是，當越來越多的人暢談互聯網思維的時候可曾發現，他們所有的所謂新思維也不過是在固有框架內的新發展而已。

與其他企業家不同的是，稻盛和夫的哲學理念更有普世性，而且充滿東方色彩。最近，他提出了「燃」的精神。這個精神的核心是，如果日本想擺脫目前經濟頽唐的境地，必須具備燃燒的鬥志去面臨挑戰，獲得新生。

這大抵上與日本一直宣導的武士精神相關聯。滿懷進取之心，忠誠於祖國，以中國儒家的仁愛為價值支撐，這樣的觀點深入日本人的骨髓。而日本商人其實是武士道精神最佳的繼承者，甚至可以說，商人本身就是武士道精神的創造者。

稻盛和夫提倡的「燃」的思想正是這種思想的復興和再生。他把財富的追求提升到國家層面，「日本的復興需要燃的精神。」這區別於中國企業家對財富的單純追求。馬克斯・韋伯在《新教倫理與資本主義》中就曾論述：虔誠的新教資本家積累了大量財富並不是為了追求個人的享受，而是為了證明自己是上帝垂青的「選民」，只是在客觀上推動了整個社會的進步。而日本明治維新時期的企業家教父澀澤榮一也曾經提出過：企業存在的目的不是為了盈利，而是為了回報社會。終其一生，澀澤榮一都沒有創辦過一家屬於自己的公司，但他扶持的企業超過五千家。

這種稻盛和夫的思想一脈相承。作為一個日本二戰後經濟奇蹟的締造者、見證者和泡沫破滅的經歷者，締造了京瓷集團和KDDI兩家世界五百強企業，並在退出商界十三載後，以耄耋之年，重新出山，僅用一年時間就拯救了同樣是世界五百強的日本航空公司。他的自傳和各種傳記把稻盛和夫描述成一個災難深重的人：進入一家沒落的企業，泡沫經濟的重創，遭遇癌症的打擊……在這些似曾相識的勵志意味的敘述背後，是稻盛和夫堅持不懈的努力，對現實的挑戰——為了打破電信業的壟斷創辦了KDDI，為了人手一部手機創立了京瓷集團……

而稻盛和夫的魅力和他的思想一樣持久而影響深遠，即使是新經濟形勢下的馬雲也把他當做崇敬的偶像，他的每一段經歷都成為人們可資參考的故事，並且引申出商業哲學。

稻盛和夫的「燃」似乎在指導日本經濟走向復興，他渴望現在的年輕人能同他年輕時一樣，懷抱遠大理想，放棄對個人財富的迷戀，以燃燒的鬥志實現國家的再次崛起。「京瓷就是這樣一家企業，它以洞穿岩石般的堅強意志，獲得被認為不可能獲得的訂單，並克服一切困難，努力按照訂單要求向客戶交付產品，不斷拓展新的客戶，擴大業績。」這是稻盛和夫在企業內部對燃燒的鬥魂的精神的闡釋。而現在，他企圖把這種思想擴展到全日本的企業界。

稻盛和夫以為，燃燒的鬥魂最核心的價值是「堅強的意志」與鑽研創新，而這與「思考解決問題的具體方法」是密不可分的。「堅強的意志」並不單是強悍、勇猛、堅韌不拔，也不僅僅是相信未來一定能成功，而是要徹底地、仔細地思考打開困難局面的具體對策。

稻盛和夫這樣解釋「燃燒的鬥魂」——這裡所謂的「燃性」，是指對事物的熱情。自燃性的人是指，最先對事物開始採取行動，將其活力和能量分給周圍人的人。可燃性的人，是指受到自燃性的人或其他已活躍起來的人的影響，能夠活躍起來的人。不燃性的人是指，即使從周圍受到影響，但也不為所動，反而打擊周圍人熱情或意願的人。

也因此，稻盛和夫讓日航復興的根本意願在於通過企業的振興喚起一個國家的興盛，從精神層面點燃日本人。

二十世紀九〇年代，日本學術界就把當時電子企業的崛起稱為「燃燒的年代」。松下、Sony、Sharp 等等企業的興盛如火種一樣點燃日本商業世界，影響全世界。偉大的盛田昭夫把 Sony 的辦公室搬到了美國，艱難地開始了國際化路徑。但時間推進到二十一世紀之後，以 Sony 為代表的日本電子企業似乎燃燒殆盡，成為時間之灰。大規模虧損、業績不佳纏繞著 Sony 公司，雖然 PS4 推出之後 Sony 利潤有所增加，但困境依然存在。霍華德·斯金格是 Sony 前任 CEO，他的上一任領袖出井伸之希望通過一個美國人改變 Sony 公司裡日本烙印。但結果卻使這家公司喪失了「燃」的精神，以西方的績效考核制度來規範員工業績。而這種體制與日本企業水土不服，一度把 Sony 推向了生死存亡的邊緣。

壞企業要變成好企業，好企業要持續興旺，有兩個最基本的條件。一個就是「燃燒的鬥魂」；另一個就是「鬥魂」的根基，也就是人格、道德，或者說「一顆美好的利他之心」。如果將「鬥魂」比喻為發動機，那麼駕馭這「鬥魂」的人格、道德、利他之心就是方向盤。績效管理、強調對股東的回報顯然不符合稻盛和夫對鬥魂的理解，也背離了日本企業取得成功的最初密碼。

Sony 不是一個特例，除了稻盛和夫以外，被稱為「經營四聖」的其他三位日本企業領袖已經相繼離世，隨著引領日本經濟高歌猛進的一大批創業型經營者相繼過世，日本的大企業都由所謂「職業經理人」接手經營；中小企業大都也由第二代、第三代繼承。其中許多人缺乏前輩創業者的「燃燒的鬥魂」。同時中、韓等國異軍突起，很多日本企業相形見絀，甚至曾經叱吒風雲、出現過松下先生和井深先生的松下和 Sony 經濟形勢也一落千丈，陷入了巨額赤字。「日本在泡沫經濟破滅後，變成一個安穩的社會，沒有大好也沒有大

壞，二十多年就這樣過去了。可是無可無不可的想法是不行的。要成就大業就必須要有堅定的信念。」正是基於此，稻盛和夫才重新提倡「燃燒的鬥魂」。時間

流轉，今天我們的英雄是馬化騰、馬雲和賈伯斯。他們談論的是互聯網思維、使用者體驗以及商業模式。而稻盛和夫早就對這一切有了精準的描述：「物心一如」。將「燃燒的鬥魂」和「美好的心靈」相結合，我們就會全身心投入工作，將自己的魂魄注入工作之中。稻盛年輕時曾經「抱著產品睡」；隨時帶著放大鏡在現場觀察產品有無傷痕，把產品當做自己的孩子精心呵護；「仔細傾聽機械的哭泣聲」，「將自己化身為機械、化身為產品」。達到「物心一如」的境界，由此製造出完美無缺的、「會劃破手的」產品。而這樣做的結果，就是讓京瓷的關鍵產品席捲了全世界的半導體市場，幾十年來一直遙遙領先，讓競爭對手望塵莫及。

沒有什麼思維是固定不變的，只有稻盛和夫宣導的與生命有關不僅涉及商業的哲學才會一直影響世界。這也就是，為什麼我在這套書的最後，還是提到了稻盛和夫的原因。

J A P A N

高談文化
CULTUSPEAK PUBLISHING CO., LTD
華滋出版 拾筆客 九韵文化 信實文化

更多書籍介紹、活動訊息，請上網搜尋 拾筆客

What' s Invest
日本憑什麼：改變世界的18個櫻花企業

作　　者：陳　偉
封面設計：黃聖文
總 編 輯：許汝紘
編　　輯：孫中文
美術編輯：婁華君
總　　監：黃可家
發　　行：許麗雪
出　　版：信實文化行銷有限公司
地　　址：台北市松山區南京東路 5 段 64 號 8 樓之 1
電　　話：（02）2749-1282
傳　　真：（02）3393-0564
網　　址：www.cultuspeak.com
信　　箱：service@cultuspeak.com

印　　刷：上海印刷股份有限公司
總 經 銷：聯合發行股份有限公司
香港經銷商：香港聯合書刊物流有限公司

2018 年 4 月 初版
定價：新台幣 420 元

國家圖書館出版品預行編目（CIP）資料

日本憑什麼：改變世界的18個櫻花企業 / 陳偉著. -- 初版. -- 臺北市：信實文化行銷, 2018.04
面； 公分. -- (What's invest)
ISBN 978-986-96026-7-9(平裝)

1.企業經營 2.日本
494.0931　　107004722